Ideal Deco

可以用一輩子

不動工布置全書

牆＋窗＋家具和家的play

PART A 布置成功第一步：用最大面積定調，先學「牆」與「窗」

PART A 布置成功第一步：用最大面積定調，先學「牆」與「窗」……6

CHAPTER | 01 牆＋色彩……8

| 基礎篇 |

1. 如何決定家的牆色？……10
2. 什麼種類的居家色彩讓人住起來舒服？……12
3. 如何讓整個空間看來更大？……14
4. 為什麼賣場中挑好的顏色，漆在自家牆上就不一樣？……16

專欄 絕不會出錯的顏色清單，讓你更能輕鬆選色……17

5. 用壁紙的好處是什麼？如何用來美化空間？……18
6. 油漆種類該怎麼挑？……20
7. 壁貼及立體壁雕該如何運用讓空間更生動？……21

| 進階篇 | 風格布置的牆色筆記

1. 古典風……22
2. 鄉村風……28
3. 工業風……29
4. 現代風……30

CHAPTER | 02 窗戶＋窗簾……32

| 基礎篇 |

1. 為什麼布置要先考慮窗戶？……34
2. 著手布置窗戶時的重要原則是什麼？……36
3. 用窗簾讓窗戶更好看的祕訣……38
4. 如何挑選最合適的窗簾？…… 40
5. 在挑選窗簾布料時，要注意哪些重點？……42
6. 房子的西曬問題，如何用窗簾解決？……44
7. 窗簾該不該換季呢？……46

| 進階篇 | 風格布置的窗戶筆記

1. 古典風……48
2. 鄉村風……49
3. 工業風……51
4. 現代風…… 52

PART B

布置成功第二步：根據你家現況，挑選你想要變化的空間

布置成功第二步：根據你家現況，挑選你想要變化的空間……54

CHAPTER | 03 客廳……56

|基礎篇|

1. 如何擺放客廳家具……58

專欄 讓你的客廳空間擺設更有風味……60

2. 沙發&單人椅……64
3. 茶几&邊桌……76
4. 客廳燈源……84
5. 客廳的收納……90
6. 地毯&其他小擺飾……100

|進階篇|風格布置的客廳筆記

1. 古典風……110
2. 鄉村風……112
3. 工業風……114

CHAPTER | 04 餐廳……116

|基礎篇|

1. 餐廳的物件擺設……118
2. 餐桌&餐椅……122
3. 餐廳燈具……134
4. 餐具收納櫃……140
5. 餐廳的裝飾品……146

|進階篇|風格布置的餐廳筆記

1. 古典風……152
2. 鄉村風……153
3. 工業風……154
4. 現代風……156

CHAPTER | 05 臥室......158

| 基礎篇 |

1. 臥室布置的要件......160
2. 臥床......162
3. 床墊＆寢具組...... 172
4. 臥室的燈光布置......180
5. 床邊桌櫃＆衣物櫃......186
6. 椅子＆其他裝飾品......200
7. 兒童房......204
8. 工作區......210

| 進階篇 | 風格布置的臥室筆記

1. 古典風......216
2. 鄉村風......218
3. 工業風......220
4. 現代風......221

PART C 布置成功第三步：8個展現自我的風格布置，玩出家的不同氣質......222

1. 牆色與門窗的設計魔法，小坪數布置成大氣精緻的古典屋宅......224
2. 牆色變化區隔空間，善用經典元素創造沉穩寬敞的古典風......230
3. 大地色系、圓拱窗，小空間混搭出南歐風情畫......236
4. 工業風餐桌溶入鄉村風格，變成迷人的法式殖民家居...... 242
5. 鐵道木和布料混搭金屬材質，成為現代輕工業風住家......248
6. 活用特色壁紙、裸露天花板，藝廊概念打造美式Loft前衛居家......254
7. 暖色調中和冷冽的現代線條，帶入「家」的輕鬆溫馨感...... 260
8. 大坪數依然用開放式空間，讓簡約風流露更大氣的格局......266

各式馬桶沖水量之省水效益〈以每人每天使用5次馬桶《大號1次、小號4次》計算〉

用水量 / 馬桶沖水量	舊式馬桶 12公升	舊式馬桶 9公升	一段式 省水馬桶 6公升	兩段式 省水馬桶 大號6公升、小號3公升
人每天用水量(公升)	60	45	30	18
人一年用水量(公升)	21,900	16,425	10,950	6,570
300萬人一年用水量(萬立方公尺)	50,370	37,778	25,185	15,111
12公升馬桶之一年用水年差量(萬立方公尺)	0	12,592	25,185	35,259
門水庫有效容量為20,228萬立方公尺，水標章馬桶每年可節省之用水約為幾座石門水庫？	-	0.62座	省**1.25**座石門水庫	省**1.74**座石門水庫

桶的省水效益來自水路的設計。在不影響洗淨機能的條件下，於水箱內放置保特瓶、磚塊等物並非正確作法。

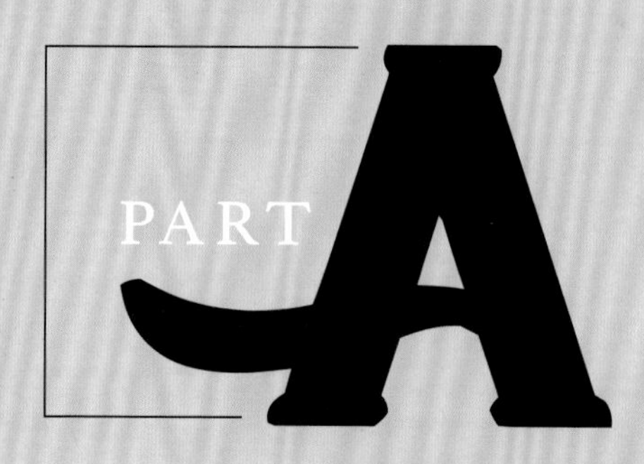

布置成功第一步：用最大面積定調 先學「牆」與「窗」

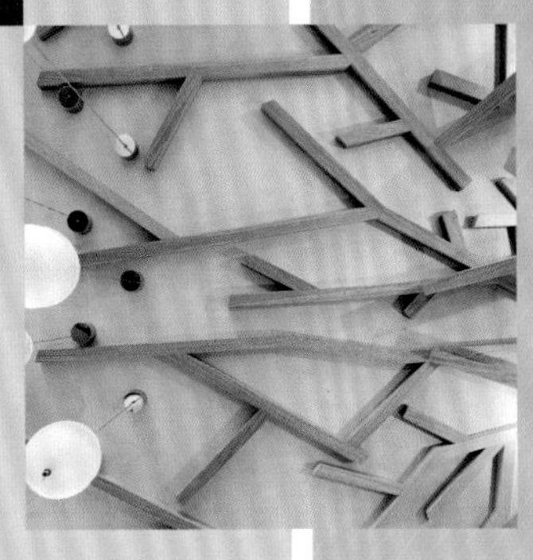

不管你想布置的是住很久的房子，

還是剛裝潢好的公寓，

要的就是一個簡單不麻煩的解決方案！

布置私人空間時，

你會先想到面積大小、空間結構，

以及自己的生活模式。

當你對自己的生活愈瞭解，

就愈知道如何布置你的家。

CHAPTER | 01

牆＋色彩

替房子挑選**最完美的顏色**，
讓整個家的**色調**
看起來**和諧不突兀**

Artwill Interior Design House

如何決定家的牆色？

A 丟掉色卡，想想自己最愛的顏色和家具

在所有室內設計的做法中，上色是變化最明顯、最有彈性、立即見效的做法。房間的氛圍和空間的視覺大小也馬上有所改變。挑牆色並不如一般人想像的那麼難，更不需要任何色彩學的知識。

多數的室內設計師都不認為有所謂的經典不敗色，因為色彩是很主觀的，每個人的喜好都不同，所以通常都會依屋主偏愛的色調、希望呈現的風格，再加上整個房子的客觀空間條件，來挑選適合的牆色。

最可靠的顏色挑選法：

如果生活周遭出現喜愛的顏色，可以帶著樣本到五金行或油漆店比對顏色。因此，只要你瞭解自己喜歡什麼，仔細觀察整個空間的優缺點，要挑出最適合自己房子的牆色，其實是十分簡單的任務。首先，要做的就是確認自己或家人們喜愛的色彩有哪些，再從中挑出主色，以及可與之搭配的色彩。

挑選牆色的方法：

用白色和你喜歡的顏色任意組合，這樣試出來的結果常能出乎意料之外，可以讓將家中的任何設計風格，都完美地突顯各自的優點。

從紀念品中挑色：

有時候你家可能有件祖傳古董家具，或是很喜歡、想掛在牆上的紀念品或圖片，那麼空間的配色就可以從這個單一物件來發展，抓出空間的主色，再從這個主色去搭配出家裡所有空間的色調。

suggest

設計師的建議

什麼色都可以，最重要在比例大小

從單一物件中，抓出空間的主色
用白色和你喜歡的顏色任意組合

郭璇如：白牆是很能襯托家具的背景，但要注意比例，別讓整個空間都是一片白。

王俊宏：基本上，對各種色彩保持開放思考，盡可能不設限。要看屋主的接受度與空間本身可允許的色溫、材質的膨脹係數來決定。

林志隆：沒有某種風格非得用某個特定顏色不可的規定。不過，還是可以掌握一些簡單原則，例如：一般居家空間就不太適合像鮮紅色這種亮到會刺眼的顏色。

朱英凱：色彩本身沒有錯，重點是懂得適當搭配。大家常說「狗臭屁」的「紅配綠」，如果採用1：1，的確會讓空間「很難看」，但比例不一樣，感受就差很多。

1 鮮艷牆色面積要少一些

牆色的使用可以用鮮明飽和的色彩，但別太刺眼，同時也要拿捏好比例。

A Space Desing 1

2 白牆能突顯家具特色

白牆雖然可能看起來完成度不高，但可以讓家具、擺設品的特色更加突顯。

懷特室內設計 2

什麼種類的居家色彩讓人住起來舒服？

A 每個空間牆色的和諧度，決定家的舒適感

雖然為家上色立即就可以凸顯空間中容易被忽略的細節，也可以讓原本了無新意的裝潢起死回生。不過，還是得注意整體空間狀況、配置和設計，再決定用什麼顏色，從「色彩的協調性」來思考，留心空間顏色的流暢度，就能讓房子看來有生命、很靈活。

對於少部分比較大膽、想用比較鮮艷的色彩搭配居家的人來說，例如：紅色、橘色……等，該怎麼著手才不會失敗呢？

鮮艷色可用物品代替：

不見得只能把家裡的牆面都刷成「某個顏色」。適時搭配該色系的家具與裝飾品、小物，或相近的家具材質，甚至是替換沙發背牆的色彩，一樣可以達到「讓色彩跳出來」的效果。

開放空間的色彩要有關聯性：

用有色物體、家具和藝術品等，把鄰近房間中的顏色從一處帶入另一房間，也能夠創造出空間的相互融合。例如白色組合法，有偏玫瑰色的白、有米白、還有偏紫的白；當這些相近的顏色湊在一起時，不但和諧，還能營造出舒適的居家氣氛。

鮮艷色可配淺一號色運用：

針對通道、走廊或是開放空間，則是儘量維持一致的顏色，或是選用深一號、淺一號的顏色，這樣就不會造成單一空間的孤立感。

suggest

設計師的建議

有層次的色彩，能決定空間的舒適度

用牆色突顯家具，連結空間

林志隆：有時，家具才是最顯眼的布置重點。因此，即使運用大面積的素色牆面，也不會顯得單調，是最能襯托出有個性的家具方式。例如，同為灰色系，可用不同深淺程度的灰在不同的空間做變化，但整個家卻能保有整體性。

橙橙設計：每個壁、每個地、每個櫃子，它們存在於空間中的佔有的設計比例，已決定空間是否因設計而變得狹隘，所以加上色彩的分配，是極為重要。

郭璇如：要注意牆色與周遭元素的搭配性。例如：與地板花色的呼應或對比。當地板很花時，牆面宜素淨；當地板很樸素時，牆就可搶眼些。

王俊宏：風格的塑造跟顏色構成沒有關係，但跟「空間感受」很有關係，所以無論是材質搭配還是裝置手法，抓住幾個統一的元素就好，其他的牆色就可以自由變換。

朱英凱：許多室內設計師會建議大家多多使用「大地色系」妝點居家，原因並不是「大地色系的顏色比較易於搭配」，而是因為色彩本身就有層次性，不必再搭配其他顏色。

1 以同色系的深淺連結空間感

當你喜歡粉紅色，就可以用同為粉色系的粉紫、粉綠等，在房子的各空間做跳換，讓每個空間有所連結。

2 讓家具特色更顯眼

有技巧地運用空間的大面積有色牆面，可以襯托出個性家具的特別風格。

如何讓整個空間看來更大？

A 淺色系最有效，同時要注意天花板和牆面的關係

利用色彩來放大空間，是許多設計師很常用的手法，一般來說淺色系可以讓空間相對明亮、有活力，為什麼淺色能發揮放大空間的效果？這是因為淺色牆面能反射較多的光線，因此看起來似乎面積比較大。

並不是深色系就不能用，但要考慮情況和風格。因為光線反射的關係，暗沉色彩的牆面看起來就會讓人覺得它比實際面積來得小。

要讓房子變高、變寬的方法——

天花板顏色要比牆色淺：

在色彩規劃時，天花板的顏色要跟牆面同色系、但淺一些，在視覺上會有空間挑高的錯覺。我們必須記得居家的立體空間，是由天花板、牆面與地板組成，我們對空間大小的感知是來自於看見天花板和牆壁的交接處，以及牆與牆之間交會的稜線。因此，採用「淺色天花板＋深色地板＋介於兩者的中間色的牆面色彩」，就可以輕鬆搭配出任何人看了都會驚豔的色彩配置。

利用打光效果放大錯覺：

沒有了光線，我們就無法感受到顏色、甚至是家具材質的存在。而且只要運用得當，光線也是放大居家空間的重要推手。例如：我們可以在書櫃兩側打上間接光源，就會讓人產生「擴散」的錯覺；天花板也可以比照同樣方法辦理。

suggest

設計師的建議

小地方用淺色，放大面積感

林志隆：假如一個空間很小，可以大部分使用淺色。在小地方，例如：在床頭或電視的背板牆做跳色或樣式的設計，就可以讓空間不會太單調，又不會因色彩太重或太雜亂，過度擠壓空間感。

朱英凱：窄小空間應該盡可能選用較淡的用色，因為太深的顏色會減弱光線折射，讓居家看起來更顯窄小，這是整體空間的選色祕訣。

光往上照會拉高牆、光往下照令天花板色變深

郭璇如：我們也可運用光線來讓天花板看起來比實際更高。比如，天花板周遭做一圈內藏間接照明的造型天花，投射在原始天花的燈光除了能讓天花變亮，同時也會讓它看起來比較高遠些。

橙橙設計：將燈源掛在天花板下方，背光的效應會讓天花板的顏色看起來比實際顏色更深，使原本顏色較淺的天花板，反而視覺上看起來和牆面差不多。

1 小面積的跳色讓空間有變化
在一間面積小的臥室中，用白牆、白床放大空間感，然後以床頭板和壁紙的跳色，令整間臥室不單調。

2 用光的折射製造挑高錯覺
圖中的玄關因為天花板較低，所以使用穹頂造型搭配水晶燈，透過吊燈折射光線打在穹頂，來營造高聳感。

為什麼賣場中挑好的顏色，漆在自家牆上就不一樣？

A 光線強弱會影響眼睛看顏色的感覺

色彩的效果與室內的光線好壞息息相關，空間的採光會大幅影響眼睛對色彩感受。同樣的顏色在陽光直射下，跟在光源分散的情況下會有天差地別的表現。光線太過充足，油漆顏色的飽和度就會降低，很像過度曝光的照片；當光線不夠，色彩就會看起來很平面、了無生氣。

光線不足時的顏色挑選：

淺色在光線不足的狀態下通常會缺乏立體感，而較暖灰的色系，就可能造成渾濁或悶亂的反效果；淺灰色、米色這種中性色彩，可以讓空間感覺放大；而像深灰、濃豔亮色系這種太凸顯的色彩，比較容易感覺到牆面的位置，不適合用在小房間。

昏暗的空間必挑色彩：

先天室內光線比較昏暗的空間（白天不開燈就無法閱讀的情況），應以明

渾濁的灰黑色只要光線充足，再搭配鮮艷的飽和色，也能讓空間亮起來。

先天昏暗的空間以明亮的白色為主調，會更加突顯光影的美感。

亮色系為主，例如：白、米色、淡黃、淺天藍……等。飽和色調，例如：深咖啡色或紫紅色，適合用在夜晚才使用的空間，例如餐廳，就特別適用。

白天、晚上的色彩表現不一樣：

光線的冷暖色調也會影響到牆色；白天的陽光跟黃昏的陽光，色溫不同。所以，你可以將挑選的顏色刷在牆上，在不同的時間到現場觀察，倘若牆色在上午跟傍晚的效果差距較大，就得適度調整。

專欄 Choose Colors

絕不會出錯的顏色清單，讓你更能輕鬆選色

紅色系

給人熱情、活潑，有生命力的感覺。西方人喜歡用在餐廳，因為它不僅能呈現出溫暖的感覺，也很能襯出白種人的嫩白膚色。

綠色系

算是百搭色，因為大自然色系和淺色，都能帶給人舒緩和清新的感覺，但過於飽和的綠，有時會太耀眼；所以用在浴室裡較合適。

棕色系

這種顏色是「大地色系」的一種，有木頭的溫暖感，適切地用在家中的牆上，能增添高貴雅緻的氛圍。

藍色系

藍色和綠色都是天然的背景色，適合襯托所有色彩和裝飾風格，所以百搭。基本上，藍色和白色可以互補。

黃色系

是充滿活力和動力的顏色，會讓人心情開朗，適合用在缺乏自然光的房間和走廊，它能營造出陽光的感覺。

灰色系

是一種沉穩的顏色能營造出寧靜的氛圍。它的搭配性極強，能融合所有的顏色，但在用較深的灰時，要謹記空間的光源要充足。

米白色系

是最中立的顏色。將可能過於甜美的物件或家具，調整出既現代又精緻的風貌。幾乎所有的裝飾風格都能搭配這種背景色。

用壁紙的好處是什麼？如何用來美化空間？

A 壁紙的圖樣多變，可以遮醜，也可以點綴呆板的空間

多數人習慣把壁紙當作油漆使用，其實有點「大材小用」。隨著廠商不停的研發，壁紙已經不再是「一片薄薄的紙」，反而可以創造出油漆做不出的效果；想要快速營造風格、使用替代建材、省錢，壁紙是最適合的選擇。

用壁紙能修飾牆面缺點：

在小房間裡運用壁紙布置，會讓空間看起來迷人，也多了個人風格，對於狀況不甚完美的牆面，壁紙更是絕佳的美化工具。

壁紙圖案會影響其他物件花色：

牆面貼上壁紙後，牆面上的圖案會大大限制房內各處搭配的花樣。因此，無論你想選擇什麼顏色、布料和擺飾，一定要優先考量牆壁。

小範圍用壁紙最有效果：

空間想要呈現什麼風格，就可以選擇情境式的壁紙來重點裝飾。不過，大範圍的牆面，不太建議用單色壁紙，倒不如用油漆，因為整個空間貼壁紙造價反而高；若是有圖紋的壁紙就另當別論。

suggest

設計師的建議

壁紙比油漆更有表現性

暗紋壁紙的花色最能提升空間質感

朱英凱：壁紙可以貼出仿如石材、木皮、甚至是布料的效果，可以用在展示櫃的底牆、床頭、沙發背牆等地方，除了具有絕佳的裝飾效果，還能進一步提升空間質感。

郭璇如：挑選壁紙的花色，要看空間的主角是誰，我們就從中找出主色，或是能與之呼應的對比色，再針對這個顏色來搭配其他適合的單品。

橙橙設計：單就易於搭配的角度來看，暗紋壁紙是最佳的選擇。在一個空間裡，就不會因為壁紙而影響整體家具、家飾品的搭配，受到嚴重的侷限。

林志隆：台灣的潮溼氣候對壁紙是一大挑戰，可以透過除溼設備改善，目前有隱藏在天花板的吊隱式除溼機，不會破壞整體空間風格，只比移動式除溼機多出安裝工錢。

S & J Interior Design

1

1 自空間的主角來決定壁紙的花色
為了呼應臥室的花草圖案，在床頭的牆面也選擇相同風格但不同色系的小花壁紙，讓個空間的主調一致。

2 仿飾壁紙讓牆面變化更多元
貼上仿石材、木皮、布料…等材質的壁紙，更能突出牆上或靠牆的裝飾物的特點，也讓人一看便知空間想表達的精神。

Fancy Design

2

油漆種類該怎麼挑？

A 公共空間選耐用型，美化、布置挑裝飾型

選擇牆面油漆時，應該要從空間用途和牆面狀態兩方面進行考量。使用頻率較高的空間適合蛋光漆或較有光澤的面漆，而不喜歡留下指印的空間則可以塗上平光漆，小缺點在平光漆面上比較不顯眼。

平光漆：

是坊間最常見的油漆。牆面和天花板上的小瑕疵，用這種漆最能遮掩。

蛋光漆：

是歐美最受歡迎也最萬用的面漆，不僅容易清洗且防汙，也很方便補漆，比平光漆更易遮瑕。

啞光漆：

適用於使用頻率較高的空間。這種漆容易清理但補漆困難。

半光漆：

亮度比蛋光漆高，很適用於飾條和木作裝潢，能為整個空間畫龍點睛。但半光漆和啞光漆一樣，都不易補漆。

亮光漆：

是最易清洗的面漆；能呈現出鏡面般的效果，在坊間常用於樓梯間。如果用在飾條、木作裝潢和櫥櫃時能更顯活潑感，在所有面漆中最為耐用、也最容易清理。

仿飾漆：

歐洲住家常使用這種技法來為牆面上色。由於過程大量仰賴手工，製造色彩與質地的細微變化，油漆師傅的美感與技術就變得很重要。

統一房間色調
將牆壁漆成跟沙發或空間裡最大件的家具一樣的色調。

壁貼及立體壁雕該如何運用讓空間更生動？

壁貼與壁紙的不同之處，在於常常是單獨、具有主題性的花樣，像是繽紛的氣球、可愛的動物圖樣等，使用的目的是為了提升的空間焦點，並不適合大面積的覆貼。例如白色牆面貼上壁貼之後，立刻就具有「空間的畫龍點睛」之效。

壁貼讓素色牆面有個性

有時租屋族在無法改變租屋處呆板無趣的樣貌時，可是用小型的壁貼去改變素白的牆面，讓自己的精神張顯於空間中。

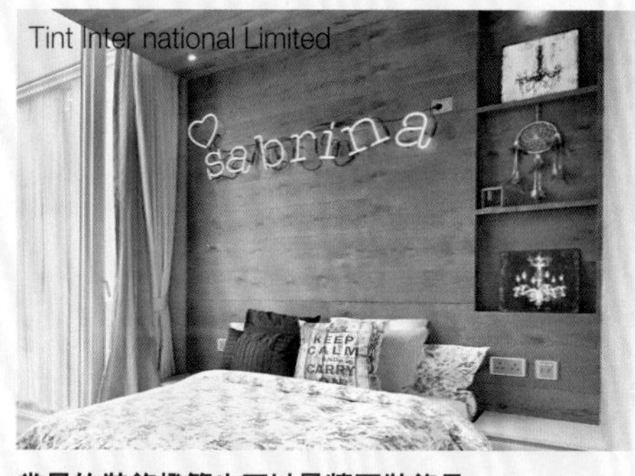

常見的裝飾燈管也可以是牆面裝飾品

用一般商家常用的裝飾字母燈管，拼出自己或伴侶的名字，貼在臥室牆上，增添整個空間溫馨甜蜜感，這是一種隨手就可辦到的布置巧思。

壁雕是讓牆面有生命的另一選擇

壁雕在台灣還不常見，也有人認為過於費時費工，且功能性小；但壁雕只要挑選、布置得當，會讓一面素牆看起來十分有藝術感，也有獨特性的優點。

燈光與壁雕的完美結合

別認為壁雕花錢不實際，當你嘗試布置一個趣味角落時，帶著童心和創意的壁雕，加上適當的燈光輔助，就是一幅賞心悅目、令眾人讚嘆的藝術品。

橙橙設計

・顧問／橙橙設計

古典風

以深色為主軸，湛藍、橘紅、駝色系非常普遍。

古典風格的裝潢源自歐美建築氣派恢弘的歷史，色彩搭配相對大膽霸氣。

古典風格在台灣的運用法

在台灣相對保守的民風下，選擇自然也就不同，是以大氣明亮為主的美式古典風格，牆面色彩的處理與運用也會在某一個空間或局部牆面做搭配，讓古典沉靜貴氣的氛圍發揮的更加到位。

在色彩的運用上，古典風格在台灣常見的配色方式，以米白色、米黃色、淺褐色、灰藕色為主流，且為了彰顯歐洲貴族的風格，再加入些奢華的金屬色系點綴，舉凡金色、霧金、霧銀、古銅色系等元素，引領出歐洲貴族十七至十九世紀奢華典雅的高貴氣質，以及裝潢的價值性。

基礎的空間放大術

古典風格的設計，源自於歐美國家，大多以「路易十五」及「路易十六」的風格為主，並加入維多利亞時期英國的藝術風雅，而傳承下來的設計概念及工藝手法，在古典風格的設計中，牆面與天花板延伸至地板，不外乎以壁板、壁紙（布）、噴漆、線板、石材及地毯、木質地板等元素的運用，這些琳瑯滿目的材質如何結合在一個空間，卻不因繁複而使得空間縮小化、矮化，最重要的關鍵在「比例」，每個壁、每個地、每個櫃子，它們存在於空間中的設計比例，已決定空間是否因裝潢而變得狹隘的60%因素，另外，再加上色彩的分配，也極為重要。

利用天花板、踢腳板和牆色的差異放大空間感

❶上線板、❷踢腳板、❸壁板

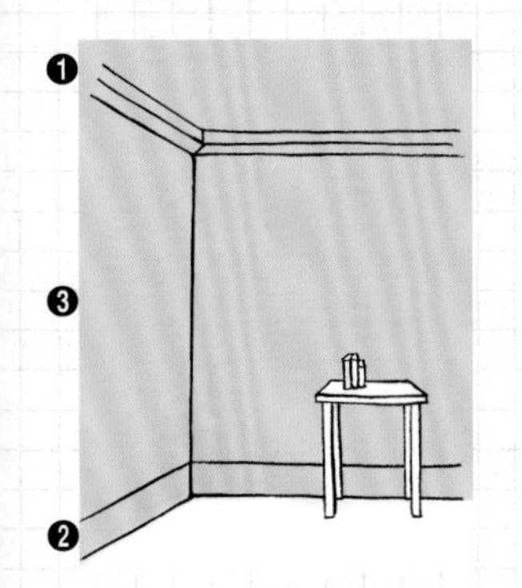

方法a：上線板延伸至天花板

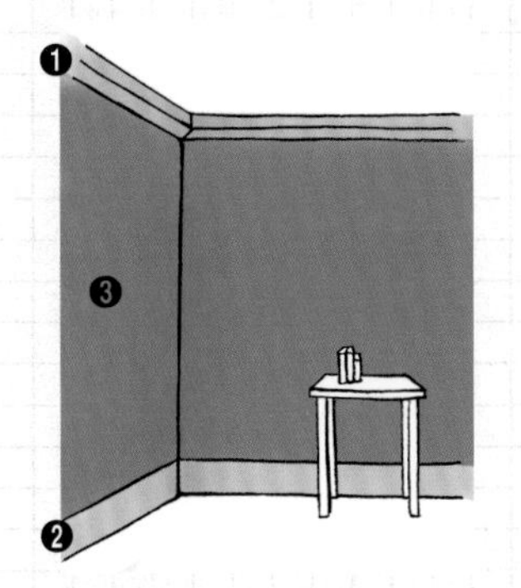

方法b：跳色法

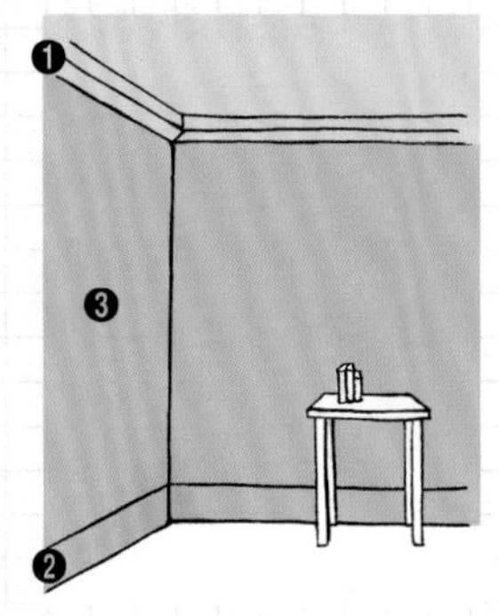

方法c：壁板或壁紙與踢腳板同色

方法a ❶＋❷＋❸同色 ➡ **視覺上會較高**

方法b ❶＋❷同色、 ❸跳色（差異極大化之色彩）➡ **空間視覺會矮化**

方法c ❷＋❸同色 、❶天花板同色系較淺色 ➡ **一般表現法**

櫃子和牆面儘量「高度上下或厚度深淺」的層次表現，製造空間錯覺

方法a 圖中❶及❷不可等比對切分配，比例建議大約❶ 2 / 3：❷ 1 / 3

方法b 圖中❸及❹相同、❺凸出，不要以櫃身同深度表現。

方法a：平面型

方法b：立體型

古典風最佳的壁板處理法

古典風格在牆面的表現方式較精緻的，以「壁板＋線板＋雕花」為主流，再依照不同國家的風格，運用的比例及繁複的程度有所差異。英、法式的古典風格，會以全高壁板為主；其中，法式古典更加強調對稱的廊柱及雕花的鑲嵌，在製作的工法上，更為精巧及考究。回歸至台灣，我們在線板上的選擇，會因房屋的現況而有所不同，首先，台灣建築物大多以大樓、公寓為主，受到坪數及屋高的限制，許多正統古典的元素無法發揮，必須取最主要的精神，讓整體空間彷彿沉浸在歐洲國家的住宅中。

在決定一個牆面採用的壁板型式，首重以什麼空間為主要考量；舉例來說，一般建議在客廳裝潢以全高壁板為主，有完整性及價值性雙重優點，再則整體規劃較為容易。舉例來說，客廳伴隨而來的空間及元素，即入口玄關、電視牆（櫃）、客浴廁等，都需以全高壁板做結合，較易處理一些細節上的問題，再則選用的沙發椅材質，不為受限，即使以英國圖騰為主的緹花布料，鮮明的色彩也不因太多色彩的牆面而侷限花色的選擇。

壁板型式的製作邏輯和櫃子相同，才有放大效果

古典風壁紙的特色

壁紙選項，不論紙質/布質、圖騰，皆可因生產地點的不同，價格差異非常之大，究竟怎樣的選擇才能達到搭配得宜、價格合理的目的。一般而言，壁紙的發源皆為歐美國家為主，因此圖騰的設計，不論是線條、幾何、花卉、花鳥等皆以古典風格為初始，所以非常容易達到完美的配置。

暫且不論紙質，一般圖騰大約區分二款：❶明紋❷暗紋。「明紋」意指圖騰為彩色；「暗紋」意指圖騰色彩與底紙僅以凹凸面的立體度呈現，可以選擇明暗深淺度相差20%內。

明紋
橙橙設計

暗紋
橙橙設計

Tip

紙質

❶「明紋」的壁紙通常是要用進口的效果才會好，因為進口的紙質較細緻，可以精準呈現色彩的層次變化，而質感較一般的壁紙，紙材差，容易有色彩太為艷麗、偏色等問題。

❷若是燈光較微弱的商業空間，則較不會有明顯感受，可以選國產明紋壁紙。如果受制於預算的考量，可以優先考慮較低調沉穩的暗紋壁紙。

地板的選用

在歐美國家皆以滿鋪地毯為主要的材質，再輔以實木地板搭配；然而，在台灣較潮溼的環境下，選擇滿鋪地毯的接受度較低，因此市面上並不常見，國人接受的仍以大理石、磁磚、木質地板為主流，但是回歸古典風格的裝潢，採用以上的材質，必須相當的謹慎，以免產生地與壁的風格會流於南轅北轍。

磁磚的工法

選用度最高的磁磚就必須符合古典風格繁複工法的延續性，盡可能挑選表面為霧面質感，或窯變為主的石英磚、陶磚等。貼工方式：四方型磚以菱形貼、長方型磚以交丁貼，或以混合搭配設計也不失繁複及精緻的工法。

木質地板的貼工技法

木質地板的選用，也是一般在台灣普遍被喜愛的，其中，實木地板的運用最為到位。貼工方式以「人字型」、「L型」、「回字型」為主。但礙於台灣氣候潮濕和冷熱溫差極大，實木地板易造成「熱漲冷縮」之情況下，因此在鋪設的同時，需預留較大的縫隙，以因應氣候的變化，相對的，許多人不為接受。

人字型貼法

L字型貼法

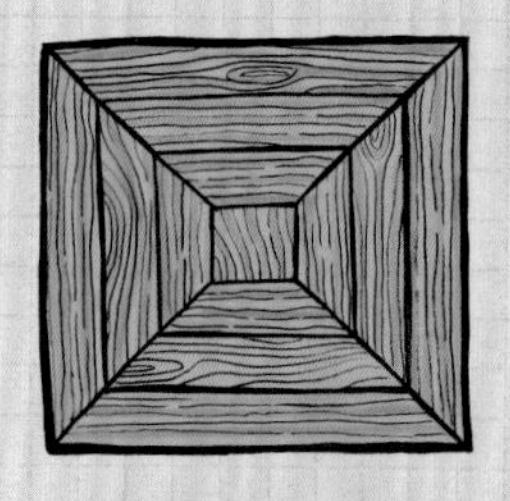

同字型貼法

海島型木地板相對佔了優勢，但以古典風格的角度，它並不是最到位的選擇，建議以浮雕木地板取代不夠精緻的缺憾。貼工方式：以一般常見的「交丁貼」為主流，更精巧的貼法，可以在每個空間先做出框邊，再以交丁方式混搭於其中，也不失為相當完美的選擇。

遇到大樑時，古典風的處理方式

以大樓為多數住宅的台灣，樑與柱是無可避免的建築結構，再加上新成屋交屋後減少房間數的案例極多，牆面一經拆除，就會產生更多的樑與柱，此時樑與柱外露凸顯的問題更加明顯。

設計古典風格時，線板的運用是最基本的木作元素，也是帶出古典風格的主要元素，在牆面與天花板交界時，普遍皆會以線板加以點綴及修飾，但因為過多的樑與柱，會使原本對稱環繞的線板因此不完整，甚至無法收邊。針對這個問題，可參考幾個方式稍加運用。

首先，若是樑的深度太深、壓迫感太大，倒不如順勢將它區域化，例如：

❶ 樑在空間的中央，我們即可利用樑，將空間分隔成二區、四區皆可，各自繞行線板。

❷ 樑偏在離牆面30公分至50公分處，即可順勢將櫥櫃設計於此。這樣樑會被包在櫃體中，不會壓低房子的高度，也不會在視覺上造成不舒適感。

❸ 當樑在空間中任一位置，無法分隔空間也無法與櫥櫃結合；此時，我們會以凸出它的方式呈現，在樑的底部以凸板加線板方式，讓它更加精緻，成為刻意的造型，讓古典風格中必要的繁複工藝及造型細膩更加極致。

Tip

天花板

法式古典風格的天花板，只能用一句「雕樑畫柱」來形容，在十七、十八世紀，工匠皆以手繪方式，直接在天花板上作畫，其中之精細不在話下，但也因為他們得天獨厚的條件，發揮的更加淋漓盡致。以今時的眼光，每每在歐洲國家看到只有「讚嘆」二個字，回歸台灣的住宅，我們天花板的製作方式，符合古典風格的作法，不外乎：

❶ 壁紙＋線板邊框
❷ 噴漆＋線板邊框
❸ 彩繪圖騰＋線板邊框

而且不論喜好，如果希望天花板高度能在有限的環境下，盡可能在視覺上顯得高挑，首先，材質的色系儘量與牆面接近；如果壁面色系較深時，我們可以以同色系、微淺一些延伸至天花板，這樣的作法，不論整體效果及視覺上高挑的程度，應該都是最好的選擇。

橙橙設計

風格布置

牆色

筆記

・顧問／郭璇如設計師

鄉村風

可以從某國鄉村風的「經典色」來發想，也可以從自己偏愛的顏色來發展。

擬磚牆、仿岩的文化石或壁紙，也常是鄉村風會用到的牆飾。

鄉村風格重視整體的協調性，所以空間中的每種元素對鄉村風來說都很重要。

鄉村風的經典色

英式鄉村風：多為粉嫩色系。如粉藍、粉綠等帶有清新的田園風情。

法式鄉村風：經典配色為藍白配。不過，這裡的藍白配並不像地中海風格那樣強烈。藍為粉嫩的淡藍色，白也是仿舊的刷白。除了藍白配之外，也有許多看來粉嫩、可愛的淡黃、淡粉紅、奶油白。

南歐鄉村風：用色比兩種更加豐富。義大利托斯坎尼地區愛用向日葵黃、橄欖綠、葡萄紅等，跟當地農產有關的色彩。南法的普羅旺斯則經常使用紅棕色、薰衣草紫等反映當地風土的色彩。

希臘地中海風：以鮮明的豔藍對比純白最令人印象深刻。

美式鄉村風：大致承襲英式鄉村風的花色，用色通常會比英式來得明亮。

鄉村風的壁紙運用

鄉村風空間愛用天然材質，壁材最好也能吻合此原則；比如，用棉麻絲的壁布或全紙質的壁紙，別用看來有很明顯的塑膠感。即使玩混搭或使用仿真建材，也以模擬磚牆、仿岩的文化石為妥。而油漆或粉刷的牆面，即使是帶有豐富質感表現的仿飾漆，看起來仍不如壁紙般那樣具有畫作般的質感。

風格布置
牆色
筆記

・顧問／林志隆設計師

工業風

牆色並非最重要的，家具才是最顯眼的布置重點。

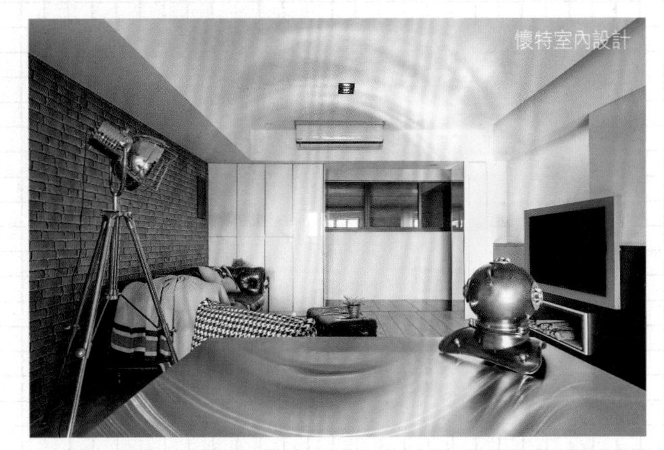

利用鄉村風常用的仿磚壁紙，讓冷冽的工業風多些溫暖，是高段的牆色混搭布置。

有風味的家具是必須注意的，加上空間整體設置，例如：天花板裸露、看得見的封管、運用金屬鐵件、粗糙感，都是營造工業風強烈的元素。

工業風的經典色

以工業風來説，灰色是最常見的用色，因此以灰色或大地色為主，是最方便、安全，再做出與其他元素混搭的底色。

就工業風來說，大面積用太鮮豔的顏色，例如：正紅、正藍，很容易失敗。某些經典風格會有慣用色，因此風格和顏色多少有一點關係。想營造工業風感覺，把握住使用灰階、較深色、不繽紛的色彩。

Tip

與工業風混搭時，如何用色

有混搭的話，就比較難界定，像是工業風混現代或鄉村甚至古典，顏色搭配就會更靈活，端看如何設計運用。
以屋主自己喜歡的顏色為主來和設計師討論，設計師運用美感的經驗和專業判斷，來幫助調和不同色彩的搭配。

風格布置

牆色

筆記

・顧問／王俊宏設計師
朱英凱設計師

現代風

冷暖色調運用不拘，而是依據空間比例分出深淺塊面，溫和的中間色較少使用

刷黑的天花板會讓仰角視覺變得深邃，只要依據空間比例做出深淺分別，深色的牆色也可以很大氣。

所謂的「現代風」，應該廣泛包含現代人期待的理想生活，除了空間軟硬體、裝飾線條與相關材質面的化繁為簡、去蕪存菁外，牆面色彩的搭配尤其關鍵。

用色基礎原則

每一個設計的布置，都仰賴現場的條件，對於一個已被設定為簡約路線的空間而言，沒有所謂的經典不敗色，也絕不是坊間炒得火熱的黑、灰、白就能以偏概全。

但有個重點必須特別注意，就是濃重的顏色要有「距離」才適用，例如：刷黑的天花板會讓仰角視覺變得深邃，但近在眼前的牆塗黑或使用深色建材，就必然讓人感覺壓迫。

現代風的立面裝飾技巧

現代風設計就是將屋子裡可能出現的裝飾線條加以簡化、精緻化，因此色彩就是用來美化牆面的主力武器了，我們當然也可以挑選喜歡的壁飾、畫作、攝影作品，來跟素雅的白牆相互映襯。

各式木皮或加工的木紋皮板，也是簡約風空間愛用的素材之一，一方面是現代人崇尚自然，喜歡在居家裡多放一些可以幫助情緒放鬆、身心療癒的味道，另一方面也是設計師個人美感的傳達，而數面的牆統一選用相同的木皮板來處理，可以形塑完整的連續面，讓風格的表現更具一致性，但類似的處理手法實際上也不僅限於牆面，可以向上或下發展，也就是在天花板與地面使用相同素材，強化空間層次、修飾結

各式木皮或加工木紋皮板，是簡約風空間愛用的素材之一。

構樑柱之外，也能同時落實自我的設計觀點。

現代風常用到的壁面材質

・噴漆、烤漆

烤漆跟噴漆都是費工的作法，首先底板一定要平整，烤漆或噴漆的珠光、平光、鏡面效果才能完美無瑕，不過這兩種工法都不適用家裡有幼兒或寵物的空間，因為表面容易遭異物刮磨，雖然質感細膩，但保養也相對費心。

・貼皮或壁紙

貼木皮或貼壁紙也是很常見的作法，不過壁紙花色與木皮紋理都偏好素淨為主，多數是以乾淨背景的方式處理，避免太誇張的圖騰干擾視覺，影響整體調性的平衡美。

・烤漆玻璃

烤漆玻璃在近期的簡約風居家相當受歡迎，一來顏色選擇多、光澤漂亮時髦、搭配性強，加上清理十分簡單省力；在實務操作上，也有留言板或塗鴉板的趣味機能。

・不鏽鋼&粉體烤漆鐵板

這類金屬素材可說是展現個人美學品味的大熱門，雖然造價較高，但呈現的設計感和精緻感都是一流，只要預算允許，現代簡約風格居家中，一定會找到類似金屬構件的存在。

・磚或石材

各式磚材堪稱耐候性最佳、穩定性最高、適用性最廣的建材種類，而且它仿真的科技真會讓人驚嘆不已，相信大家都看過長得很像石材或水泥粉光、木頭的磚吧！至於大理石較常使用於重點牆面，例如：玄關端景或客、餐廳主牆。

CHAPTER | 02

窗戶＋窗簾

窗戶是「房屋之眼」；
讓每一扇**窗**
看起來都**生氣盎然**

為什麼布置要先考慮窗戶？

A 窗戶可以延伸窗外景致、引入光線，改變室內的空間視覺

窗戶是我們連接戶外的管道。從外面看，窗戶就像人的表情，如果窗戶設計得好，一看就很生動。如果是傳統的瑣碎零散式小窗戶，看起來就會枯燥乏味，所以完整的室內設計布置，連窗戶都要考慮設計感和整體視覺。

窗戶是空間的靈魂人物：

設計得當的窗戶很重要，因為對任何房間來說，透過這道開口，我們可讓戶外風景進入室內，也能讓室內空間往外延伸。它們是整體空間結構中最重要的角色；不僅讓你看見屋外風景，只要稍加妝點，窗戶將會成為空間中的靈魂人物。

窗戶可以調整空間視覺大小：

窗框框住戶外景色，窗戶就像家中最美的一幅畫。大面積的窗戶還可以讓整體空間比例好，降低封閉感。不過，並不是窗戶愈大、視野就寬闊，窗戶除了實際大小最直接影響視覺，窗外的景色也會使人感受不同。

窗戶能改善空間氣氛：

窗戶除了引進好採光和好景色，也在對居家空間的通風非常重要；因此若沒有特殊情況，建議窗戶能做寬就儘量做寬。正常的情況都是採向外推窗，用大面積的固定玻璃儘量引進採光，兩側再做小推窗，方便開闔通風。至於特殊情況，例如地下室就適合裝設上推式窗戶。

suggest

設計師的建議

窗戶修飾得好，可以變成牆上的另一幅掛畫

用窗戶布置遮掉雜亂街景

林志隆：如果剛好由上往下視線看到的是雜亂街道，窗戶會顯得比實際尺寸還要窄小雜亂，這時可用矮牆修飾，遮掉下半部的視線，留住的是乾淨的藍天和綠意，前方擺上沙發，就是一個窗明几淨的舒適空間。

郭璇如：倘若該空間的元素非常多，門窗就適宜採用相同的造型，以免搶走空間風采；如果該空間很單純，不妨在門窗多多著墨，以提升整體的精采度。

朱英凱：人的可見視野是270度，所以當我們走進室內時，只有一種可能會讓我們聚焦於窗簾：與整體空間格格不入，包括：顏色深厚、風格不搭等。唯有最高明的窗戶設計，才是不著痕跡。

王俊宏：當自己可以決定開窗時，就要注意北小、南大，儘可能在面東和面南的方向開窗，確保基本的冬暖夏涼。

1 另類的空間修飾和牆面「掛畫」

在狹小的空間中，窗戶的作用不只是光線的來源，若是布置得當，其實可以讓室內看來開闊，同時也將戶外美景帶進屋內。

2 分割的窗面讓大採光面有變化

在風大的環境中，分割式的窗面常用來抗強風。不過，這種窗面也讓空間多了不同的線條變化，增添視覺效果。

著手布置窗戶時的重要原則是什麼？

A 盡量保留原貌，利用窗簾讓窗戶變大、變好看

受限於建築的關係，不可能把小窗挖成大窗，只能透過窗戶周遭的設計巧思，產生「窗戶好像變大了」的錯覺。不同窗款所營造的氛圍不盡相同，如果舊有的窗戶讓整個空間非常協調、舒適，而且採光、通風都非常恰到好處時，那麼，請記住：不需要搞破壞，讓窗子保留原貌就好。

讓窗戶布置最好的方法：

你要重新布置一個空間時，請走進每個房間，想想你會如何使用這個空間，對著每扇窗問自己兩個問題：

1. 這扇窗能引進多少光線，而我想要保留多少？
2. 我想突顯窗外的景色還是想把它藏起來？

這些答案能幫助你決定要安裝何種窗簾，以及採用什麼布料和風格。

讓窗戶看來更高：

想讓窗戶變大，可以試試把窗簾桿裝在高於窗框上緣20公分的位置，掛上落地窗簾。捲簾或羅馬簾則將之安裝於窗框之上，讓簾子拉到最上面時，尾端還能遮到玻璃窗頂端一點點。

讓窗戶看來更寬：

將窗簾桿安裝高於窗框上緣10公分，並且距離窗框左右端至少各12公分，並用這樣的尺寸為基準，購買窗簾布。當窗簾收起時，布料會聚集到軌道的兩端，窗框會被覆蓋。讓人在視覺上認為窗簾背後還有更多的玻璃窗。若是安裝羅馬簾，簾子寬度就要大於窗框左右兩側，至少3到5公分。

1 開大窗、烤漆收納櫃可放大空間

窄長的臥室讓人有壓迫感，所以開整面的大窗，並與壁面同色在窗邊製作了白色烤漆櫃面的衣櫥，利用光源的折射效果，製造空間放大感。

2 就算窗小，也能用窗簾放大空間

雖然既定的建築格局是半腰窗，但屋主故意將窗簾做成落地簾，巧妙利用肉眼錯覺，放大窗戶和整個空間的寬敞度。

讓窗戶看來小一些：

若是遇到落地窗、凸窗或是玻璃牆的情況，可以在窗框上安裝窗簾桿，並多掛幾片窗簾愈寬愈好，就可以打斷視覺上的延伸感。

最佳的擋光效能：

針對擺放珍貴藝術品或是光線亮到會讓布面褪色的房間，建議窗簾桿安裝的位置，可以高於窗框15公分的位置，寬度超過窗框左右兩邊至少各8公分。這些大於實際窗框的空間可以有效防止窗簾從側邊漏光。

用窗簾讓窗戶更好看的祕訣

A 依照窗的優缺點 選擇合適的窗簾型式，別過度裝飾

就空間布置來看，窗簾能讓空間中過於方正、筆直或稜角的線條變得柔和許多，並且讓整個空間擁有不同的質感和顏色。但是，千萬記住：讓窗簾只是窗簾就好。一扇裝飾過度的窗子只會過於笨重、累贅，讓整個空間顯得非常老氣。

依照窗外景致挑選窗簾：

如果窗外的景色很美，窗簾就可以低調一點，讓窗戶露出最大的面積，窗簾變成框住美景的工具。如果窗外的風景雜亂，就可以選擇多層次的窗簾款式，這樣會有遮掩的效果。

想遮光、擋噪音時的選擇：

窗簾還有遮蔽光線、抑制噪音的效果，因此對於窗簾的挑選，以及如何安裝，就是一個布置空間很重要的素材。百葉窗、捲簾、羅馬簾和傳統窗簾是妝點窗戶的四種最常見的方法，通常一間房子裡至少會用到其中兩種。

當你很注重隱私時的選擇：

不同的空間所需要的遮光、隱蔽程度不同，也影響到窗簾的選用。如果沒有室內隱私方面的顧忌，比如客廳或面對空曠之處較不會有被窺看的情況；那麼，裝設一層透明度很高的紗簾就足夠了。但你非常注意個人隱私時，可以用百葉簾來布置窗戶；百葉簾的通風效果好，在遮蔽隱私上也方便。

1

■ 調光捲簾的應用廣泛

調光捲簾是坊間愈來愈受歡迎窗簾款式。外形是一段密織，一段鏤空，可視室內光線調整密織段與鏤空段，適合各類設計風格。

■ 厚重的窗簾有空間聚焦的效果

當整個空間都屬清爽簡約的風格時，型式繁複或顏色、質感厚重的窗簾反而可以創造焦點。

2

如何挑選最合適的窗簾

A 依照每個空間的用途和特色，搭配合適的窗簾

挑選窗簾顏色的方法：

窗簾顏色最簡單的挑選方法，就是從空間中的油漆、地毯和椅面顏色來進行篩選。此外，也可以選擇某件家具、藝術品或椅面花邊的互補色。在布料的質地上做混搭的效果也很好。例如，無光澤的棉麻布可以搭配生絲等面料，整個空間會因為布料的光澤而變得明亮。

每個空間都有適合自己的窗簾長度：

長度到窗台的窗簾看起來漂亮、乾淨，帶點隨性悠閒的感覺，適合廚房。長度到窗戶一半的，不僅能引進大量的光線，又能同時保有隱密性。長度到地板的落地窗簾在視覺上非常優雅，特別適合用在客廳及餐廳。長度幾乎及地的窗簾會讓窗戶看起來更大，天花板更高，也會增加整個空間的華麗度，營造浪漫。

最剛好的窗簾寬度：

窗簾寬度是決定窗簾份量和華麗感的主要因素。一般而言，幅寬80至90公分的窗戶所需的對開窗簾布，每片布需要的寬度約為窗寬的1至1.5倍。窗簾收起時多餘的布料會聚集在窗簾桿的兩端；窗簾闔上時還能看到十幾個漂亮的摺子。

多一層窗紗時，注意它的大小：

在窗框內側安裝窗紗，愈貼近玻璃愈好。窗紗標準的寬度是窗寬乘以1.5倍，若希望看起來更有份量感就乘上2倍。

suggest

設計師的建議

怕出錯，就挑安全基本款

依照空間的功能，挑選窗簾款式最快速

王俊宏：在搭配上，挑選基本款的偏深大地色系會較安全，一來不容易顯髒；二來也能完美襯托某些內層薄紗上的蕾絲或刺繡圖案，當然遮光效果也會好一些。

朱英凱：選購窗簾時，應特別注意是否會用於衛浴，因為常年潮溼的空間不適合布質窗簾。個人是否有開窗習慣，也是考量重點之一，例如：風琴簾本身並不透氣，若為習慣性開窗的人，風大時就可能讓整片窗簾貼在窗戶上，造成不便。

1 在小憩的空間中，可以用優雅的古典落地簾來布置，若擔心傳統的織錦布料太厚重，就改輕紗幔，更顯浪漫。

2 當開窗型式是腰窗時，想要在視覺上增強窗戶和空間的寬敞度，可以使用及地簾，並將窗簾向兩側加寬，就能顯出效果。

在挑選窗簾布料時，要注意哪些重點？

A 考量隱私和遮光效果外，氣候和季節的轉換也是選料時的考量

窗簾布基本上可以分成三種重量：輕量級、中量級、重量級。挑選窗簾布時，可以把氣候和季節列入考量因素，這樣的窗簾除了裝飾外，會更有實用性。

輕量級布料和薄紗：

能提供一些隱密性和濾光效果，通常會和重量級的布料搭配使用，以達到遮蔽的效果。

中量級布料：

如棉、麻、絲、塔夫綢等布料，能提供更好的隱密性和濾光效果。這些布料通常會用輕量棉做內襯以增加它們的密實度。

重量級布料：

織錦和天鵝絨是此類別最具代表性的布料。這些布料有最高的隱密性，但是也最不透風。

保溫隔熱布料：

適合用在氣候寒冷或容易吹進冷風的老房子。

1 棉布材質是坊間常見的簾布款，隱密性高、透風度也好，是中量級的簾布料。

2 容易西曬的房間，若不在意窗外景致，可以使用隔熱材質的簾布。

3 輕量布料或薄紗能增添空間的柔和感

在較陽剛的空間中，採用輕量材質或薄紗製作窗簾，能柔化整個氛圍，使空間不單調、剛直。

4 棟距近的房間適用織錦類的厚重窗簾

若是房子位於棟距近的社區公寓時，不妨使用厚重質料的窗簾布，例如：緹花布；不但讓空間有藝術感，也可以更有隱私感。

房子的西曬問題，如何用窗簾解決？

A 除了遮光率高的材質外，也可試試百葉簾或亞麻簾

使用遮光率高的窗簾：

西曬面必須用遮光率高的窗簾，雖然不一定要用到兩、三層的窗簾，不過要看陽光射進來的位置，若不會影響居住者的視覺，倒不一定需要高遮蔽率的窗簾；使用單層窗簾，讓適度的陽光照入室內也很好。

使用雙層簾也是方法：

樣式可以選擇雙層簾，或是裡層加裝遮光簾。如果西曬位置在客廳，可選用內鋪錫箔遮光係數高、加上雙層的風琴簾；如果是西曬的房間，則選擇一般布簾加裝遮光簾即可。

透光性高的材質仍可保留隱私：

還有隱私問題，在客廳可以用透光性高的亞麻材質或百葉簾，這樣就算拉上也不至於昏暗，但是到私人空間就必須裝設隱蔽性高的窗簾，或者加裝內裡，以調整隱蔽程度。

suggest

設計師的建議

利用遮陽貼紙或調光捲簾來調整

百葉簾、風琴簾、調光捲簾等，能夠機動調整光線

王俊宏：居家西曬問題嚴重，明明裝了好幾層窗簾、冷房效果不彰時，可以考慮玻璃安裝遮陽貼紙，以阻絕強烈紫外線的侵擾。

朱英凱：窗簾最大的功用，就是調節光線。少部分夜晚工作的人，白天需要安靜的睡眠，必須選用遮光率、密度較高的窗簾，同樣的方法也可以用來解決西曬問題。例如調光捲簾，就有40%至80%不等的密度，可以視個人需求選購。

1 不希望放棄窗外美景，試試調光捲簾
西曬的房間若不希望錯過窗外的景緻，可以採用調光捲簾，能遮光也保留窗外風光。

2 西曬的房間可加長窗簾防漏光
西曬房間除了用特殊的防曬材質外，利用加長、加大的窗簾，擋住光射入，防止陽光曝曬；同時可加大房間寬敞度。

3 衛浴空間的窗簾應採用不易沾溼的材質
台灣的衛浴空間因為隱私和溼氣問題，開小窗、不加簾，其實只要如圖中所示用對窗簾的型式和不吸溼的材質，也可以開大窗又保有隱私。

4 風琴簾外觀簡潔具現代感，可以自由調整上下開闔度，找出最舒服的空間光線，並適度遮蔽隱私，是近年來深受喜愛的窗簾型式。

question 07

窗簾該不該換季呢？

A 多備一套窗簾，不但增加空間的變化度，也可方便清潔

窗簾能換季是最好的，除了換下來清洗之外，也可讓空間有更豐富、多變的樣貌。不過，同時也應與周遭元素如：抱枕、寢具、耶誕花圈之類的應景小物等等，一併進行換季。

通常，窗簾只要準備兩套來替換就足夠了。一套為春夏專用，花色與質地都讓人覺得清爽；另一套為秋冬專用，宜選用較厚的材質與讓人感到溫暖的花色。

1 清爽的花布窗簾適合春夏兩季
古典風和鄉村風的布置最適合依照四季、擺設變化而更換窗簾布置，但一定要注意清爽花式、輕材質用於春夏，沉穩、溫暖的花色和材質用於秋冬。

2 不同風格的空間布置，用不同的型式的窗簾
窗簾的更換布置也可依空間風格的變換來挑選，但空間的布置改為簡約風時，就選用色彩簡潔、型式俐落的窗簾。

S & J Interior Design
1

2
In Him's interior design

Choose Curtain

常見的窗簾款式

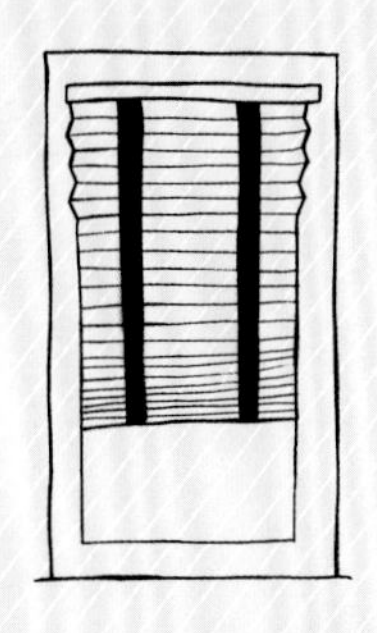

百葉窗

百葉不僅可透過調節葉片角度來控制進光量，也能如同窗紗一樣地兼顧亮度與室內隱私。葉片可擦可洗，現今許多人因體質過敏，多選用百葉窗。

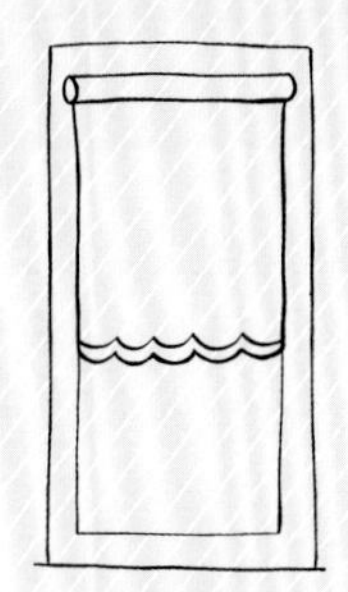

捲簾

是簡單的單面料挑選捲簾材質時，厚度適中的帆布或其他硬挺、輕量的布料，對捲動的順暢度都有一定幫助。

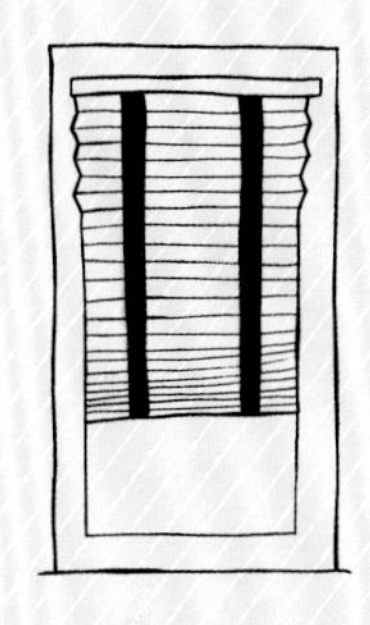

木百葉

厚實的木頭葉片具有鄉村森林的樸實氛圍；木百葉不像窗簾布容易成為塵蟎的溫床。

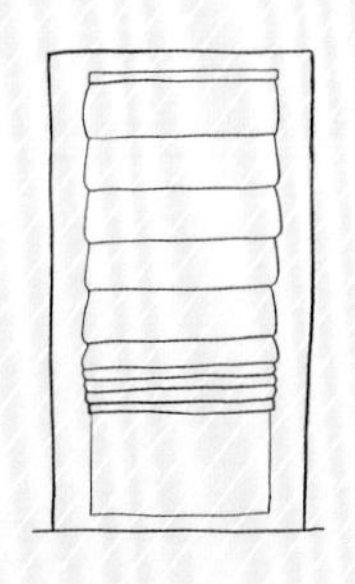

羅馬簾

當拉上拉下時布料會被拉平，每一道折子都非常乾淨俐落。「軟式羅馬簾」是沒有撐桿的款式，布料會自行產生皺摺，比起傳統的羅馬簾，看來更隨興。

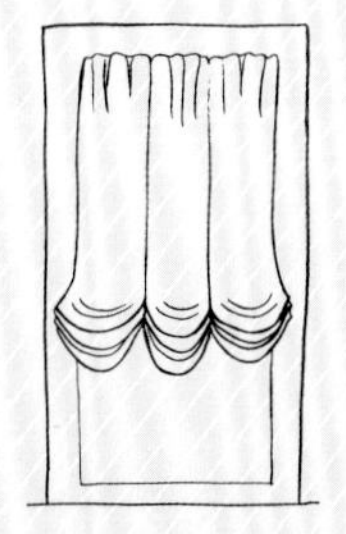

波浪簾

軟式羅馬簾的變奏版，視覺上也更加華麗。在布寬上比較有份量，上拉時在尾端會形成扇貝形狀的折子，放下時布料的份量為聚集在尾端。

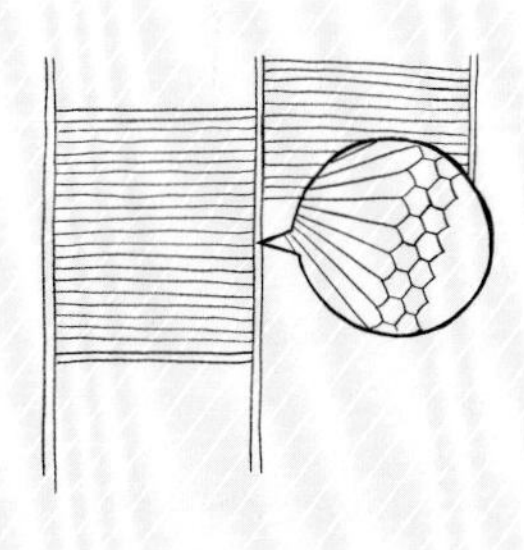

風琴簾

葉片中空，因此不僅能阻擋強烈光線，使室內光線柔和，更可以阻隔室外溫差，維持居家恆溫，具有節能幫助。而簾布有透光、半透光以及全遮光，分單層、雙層，以調整出最舒服的空間光線。

・顧問／橙橙設計

古典風

窗型靠繁複的窗簾可以帶出古典的優雅藝術氣息

在台灣的建築搭配古典風格的裝潢，只有「無奈」二個字可形容，我們的環境，採用的不外乎都是鋁門窗，如何在室內同時希望以歐式古典風格呈現，即是一大考驗。

木百葉可調光、可敞開實用性高

顏色的選擇很多，建議以接近鋁門窗之色系為主，也可結合室內壁板牆面等色系作完美的規劃，但切記此方式必須在木作施作時，同時選定，因為木作與木百葉是需要工程上的結合且整體的搭配，方可達到精緻、唯美。

窗框

更貼近歐洲風情的表現，作法在木作工程計劃時，先將窗戶的框架以木作方式設計並施作完成，其設計方式與歐式古典的風格必須完全融入，古典窗框的設計：頭蓋式、落地式、半落地式。

窗簾

一般而言，窗簾製作其中最值得一提的是，窗廉的長度及束綁的方式。最多人接受，在古典風格的世界裡，存在著超越現實層面的浪漫，因而講究的作法，應在未束綁之前垂地15至20公分，束綁時微弧度的造型是必要的，作品完成時才會與地平行，而達到層次豐富，豪華大氣的效果。建議束綁方式應考量整體屋高，若屋高較低宜採用高腰式束綁方式，相對的屋高較高，則高（低）腰束綁方式皆可，則看個人喜好而訂。

・顧問／郭璇如設計師

鄉村風

百葉門窗是打造鄉村風的極佳窗材，能有效地修飾窗型。

郭璇如室內設計

鄉村風居家的門窗也是表現設計感的一大重點。然而，要不要混搭或採用同一種形式，得視空間的複雜度而定；如果該空間很單純，那麼，不妨在門窗多多著墨，以提升整體的精采度。總之，好的混搭手法成果應顯得和諧，而不是每個都很搶眼。

木百葉是適合台灣環境的鄉村風素材

台灣的住宅多半使用鋁門窗，若用傳統的對開簾或捲簾，當我們拉開簾子時，不免會露出原有的鋁質窗框。若在原有的門窗內側加設可活動推拉的百葉門或百葉窗，既能修飾原有的醜陋建材，也不會影響原有門窗的機能。

此外，木百葉不僅可透過調節葉片角度來控制進光量，也能如同窗紗一樣地兼顧亮度與室內隱私。木百葉的使用年限也比一般窗簾來得持久。通常，布簾在使用三、五年之後，就會因為日曬等因素而褪色或是纖維變得脆弱了。此外，對於有過敏體質的人來說，布簾容易堆積灰塵並成為塵蟎的溫床，木百葉較不會有這種問題，因此是相對比較健康的建材。

鄉村風的窗簾型式多變，配件也最多，可依喜好來組合。如果窗戶有優越的景色，使用傳統的對開布簾時，簾子在收攏時仍會遮去不少窗景。若選用百葉折門，在想要賞景時只要將折門推到兩側，也不折損窗景的畫面。

百葉折門能成功營造歐美鄉村風的氛圍，這種建材不但能推拉門片，也能調整每片百葉的角度，所以就算關上整道折門，室內仍可在兼顧隱私的情況之下，享有通風與採光。

如果不用簡約的百葉，鄉村風最常見的窗簾型式，通常是對開或單開的布簾。傳統的布簾可透過布料花色、整道簾子打褶的手法、造型桿、扶帶流蘇等等來產生浪漫的美感。布簾上方可裝飾短幔或直接展現吊桿的造型美，側邊則有窗簾勾。此外，勾住窗簾的扶帶還可加上流蘇。

若是以空間的角度來看，客餐廳等公共空間的窗簾著重在裝飾性；它可以是一層薄薄的窗紗，也可以是打出很多褶子的緹花布搭配一層白紗…等，做法很多。若是臥室，窗材就需要一定的遮光、遮蔽性了。

・顧問／林志隆設計師

工業風

不適合一般布簾，推薦用亞麻材質或用風琴簾。

窗框對工業風來說，並不是非常重要的風格元素，故採簡單大方的形式即可。工業風的窗飾可以統一用「消光灰」的窗框樣式，呈現簡單、粗獷的感覺。

工業風不太適合一般布簾，有預算的話，非常建議裝設風琴簾。許多人一看到風琴簾就很喜歡，因為上下調整位置的功能，比只能左右的布簾更符合需求，而它簡約的設計非常百搭，尤其用在混搭工業風，更是兼具時尚和實用。

此外，風琴簾清洗非常方便，擦一擦就好，或是用撢子稍微撢開灰塵即可，比其他窗簾清潔起來都還快速，而且也比較不易卡灰塵、躲塵蟎，避免引發過敏。

風格布置

窗戶

筆記

・顧問／王俊宏設計師
朱英凱設計師

現代風

只要簡單大方，符合空間的風格感，就算成功的布置。

王俊宏／森境設計

主臥應享有最佳的窗景

從現代風的空間設計來看，家中的窗能有一致性的處理當然很好，若不行就看空間屬性、需求面、景觀來決定。首先是家人共享的公共空間，如：客廳、餐廳等；而私人獨享的主臥、主浴等，理應享有最充裕的窗景；而書房、廚房考量閱讀、烹調的必要性，採光、通風也是多多益善。

假使房子窗外的天然景觀很棒，就不須在窗簾多着墨。若是沒有景也沒關係，現在有許多精緻美觀的窗簾產品，可以發揮絕佳的光控效果，並過濾舊市區雜亂的鐵皮屋頂。

依窗景的優勢布置窗

就現代風的空間佈局來看，由室內向室外延展的視線，會影響所有的軟硬體佈局達九成以上，換句話說：只要開窗的大小或位置有所變動，室內相關的牆面造型、家具擺設乃至於色彩主軸都會跟著調整。所以在規劃空間時，最好觀察現場找出窗景優勢，用感性的眼光加上理性思考決定窗的樣子。此外，如果能夠幫室內主要大窗搭配三層窗簾產品，包括：內層輕盈夢幻的蕾絲輕紗、中層布幔與外層的遮光簾，達到美感與實用兼備的分段光控目標。

大地色系的窗簾較實用

窗簾面積都比實際開窗來得大，往往被視為空間背景的一部份，因此設計師在搭配上，喜歡挑選基本款的偏深大地色系為主，一來不容易顯髒；二來也能完美襯托某些內層薄紗上的蕾絲或刺繡圖案，當然遮光效果也會好一些。但是繁複或搶眼的花色、布料如絲絨、綢緞等一定不能選嗎？那也未必，有些極度前衛的空間設計，很可能在極簡的空間調性裡，跳一個亮到不行的窗簾花色，讓一向扮演配角的窗簾搖身一變成為舞台主角，那也是一種深具話題性的亮點設計！

空間中的布置都是簡約的線條時，以傳統的布簾或直線百葉裝飾空間，更顯空間的清爽。

沉穩的灰簾是襯托整個空間簡約風格的重要推手。

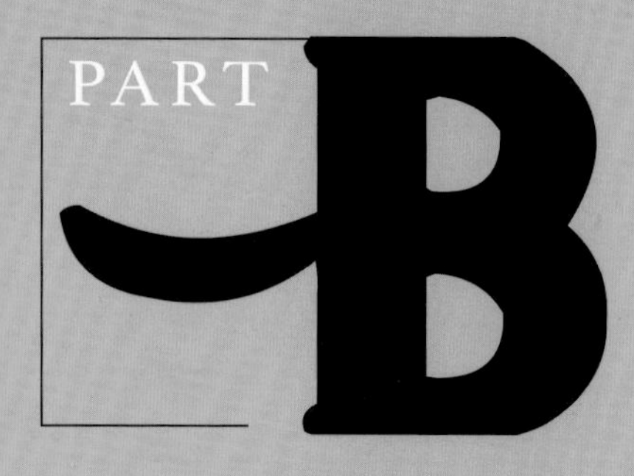

布置**成功第二步**：
根據**你家現況**，
挑選你**想要變化的空間**

你或許無法用簡單的詞彙，

例如：鄉村風、古典風……等來形容自己喜歡的風格，

但布置的原理只有一個鐵則：

只買自己喜歡的！

布置不是永久固定的，

要隨意而為。

CHAPTER | 03

客廳

客廳是
接待親友、訪客的場所，
這裡的**家具擺飾**的**布置**，
正**代表主人的品味**

Samson Wong Design Group Ltd.

家具物件的配置藝術 Placing of furniture art
如何擺放客廳家具

Debbie Deco Ltd.

擺放不同風格的家具，展現自我品味

先抓住空間的主要性質和目的，再朝著這個目標展開布置就對了。其實，家具是陪伴屋主時間最久的物件，即使搬家，好的家具也能一直跟著生活，選用好家具，不只是品味，更是生活。所有的家具擺飾都反映你的個性，也向來訪的客人傳達某些訊息，客廳座椅就是個很好的例子。

根據個人的喜好和選擇可以左右這個空間的調性。每件家具就像人一樣都有它們自己的個性；在同一個空間擺放不同形狀的家具，會讓整體的視覺效果更有趣，但一定要控制在同一個色系裡面。

家具的擺設重視適用性，但需要空間焦點

在選配家具時，沙發或整套桌椅跟空間並沒有一定的比例。空間的搭配得看整體，請勿侷限於「一對一」的思考。布置時，不管是家具、家飾或牆面等硬體裝修，都不能將之視為單一元素。

同樣地，高度也要被列為挑選家具的考量項目之一。每個空間都需要一件高挑的家具，擺太多高挑的家具會讓整個空間產生嚴肅華麗的氛圍，但線條柔軟的家具會把你的視線往上帶，打破空間中低矮的水平線。而在幾件小家具之間擺放少數高的物件，更能營造出溫馨、包覆感的效果。

如果你缺少一個天然的視覺焦點，可以在沙發的對面打造一個壁爐或開扇窗；更可以在玄關桌上方掛一件能抓住眾人目光的藝術作品或鏡子，就能達到這個目的。

辦一場Party就能看出客廳擺設是否符合生活需求

想知道家具陳列得成功與否，最簡單的方法就是辦一場聚會。透過眾人的互動會透露出空間陳列的舒適度，注意觀察客人們的行為，你會看到他們如何和這個空間互動、連結：他們是舒服坐著，還是不停在位子上動來動去？是靈活地穿梭在家具間，還是得將東西移來移去？有沒有人移動椅子到角落？好好記下來，再重新依照觀察來檢討家中客廳的擺設布置，然後依照新的規劃，將家具擺放得更舒適。

專欄 Placing of Furniture

讓你的客廳空間擺設更有風味

Andrew Bell

Point 1

把家具搬入家中前，請記得先丈量房門和走道的尺寸

擺設家具時最怕物品無法搬入房間中。建議最好事先丈量好房門、樓梯和其他狹窄通道的寬度，然後評估你挑選的家具能不能順利通過。45公分左右是走道最小的寬度，但每個空間至少都要保留兩道更寬又暢通的走道。

Décor House

Point 2

將經典家具擺在牆的附近，造型家具放在顯眼處

經典家具可以襯托出牆面，簡單牆面立刻風格提升。同一個空間擺放不同形狀的家具，會出現有趣的視覺效果。

Samson Wong Design Group Ltd.

Point 3

當家具擺設角度感覺怪時，試試把它放到角落

試試看，把你的家具對齊房間邊角擺放，會很有效果。如果你將家具的角度會讓人感覺很怪，那是因為它和整個空間感兜不起來；不僅家具的角度格格不入，更有可能讓人覺得你想隱藏某些事物。

＊別把心思放在單一家具上

郭璇如設計師的建議：家具單品擺在空間中效果會走樣，通常是因為布置搭配的敏銳度還不夠，也可能是欠缺整體思考的概念，只著眼於單一物件，容易忽略整個空間的其他元素，因而產生問題。

＊和設計師討論你愛的家具

林志隆設計師的建議：有些屋主會遇到明明看起來很好看的家具，怎麼放到家裡整個空間就風雲變色。建議屋主在挑選家具時，最好拍照下來與設計師討論，或是把全部家具都列印出來，擺在一起看。

＊客廳布置著重的是家具之間的比例

朱英凱設計師的建議：客廳不只是居家日常活動的中心，也是迎賓待客的主要場所，客廳布置不應該是買很多裝飾，反而應該著重於「空間的縱深尺寸」與「家具的大小比例」，擺得好，不如擺得巧。

Point 4

經典的客廳桌椅擺設組合：桌椅擺放影響空間視覺

客廳是我們與朋友聚會、談話或享受視聽娛樂的地方，大家都希望客廳能夠讓人感覺氣派，這就牽涉到客廳沙發桌几組的擺設排列。一般來說，台灣的居家多愛用「3+2+1」的沙發，但如果客廳空間不足，反而會讓整體空間看起來更壅擠；近期因為小坪數家庭增多，所以沙發、桌几的排列也就更多元了。

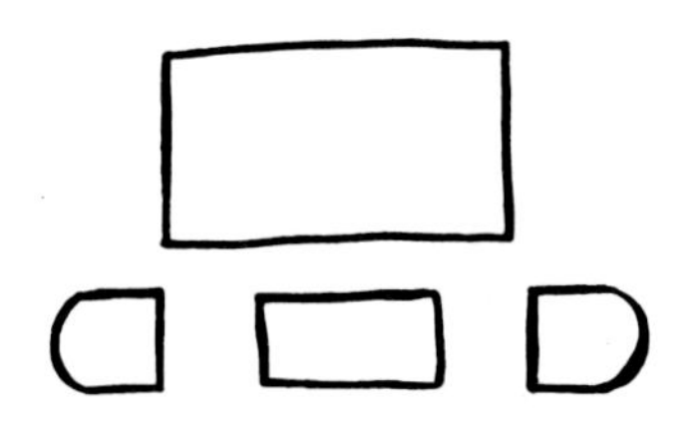

一張沙發、兩張椅子和桌几

是居家最經典的擺法，很平衡、易於調動，適用於所有空間，非常受歐美人士的歡迎。

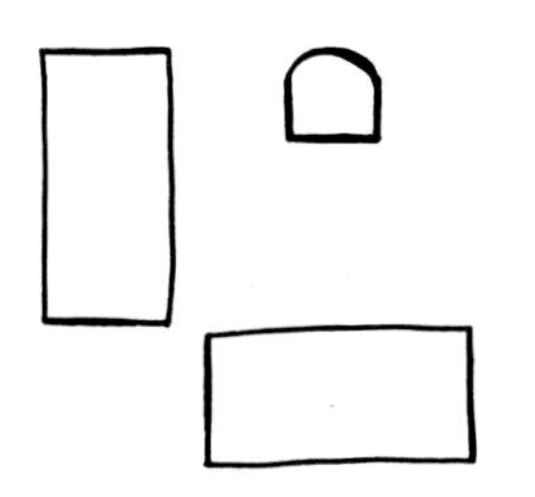

三人座沙發

三人座沙發加上二人座沙發、一張椅子、一至二張桌几，是經典的客廳擺設款，在三人座和二人座之間，可放個小邊几或一盞立燈，變化度高，而單人椅的調整則可以劃出客廳的幅員。

一張沙發、兩張邊桌、兩張椅子、桌几、腳凳再加上兩張椅子

最後的那兩張椅子可以當作是主座位區的旁支。平常能將它們靠著牆放、貼著走廊、放在某個角落或桌子旁邊，有需要時就能立刻派上用場。

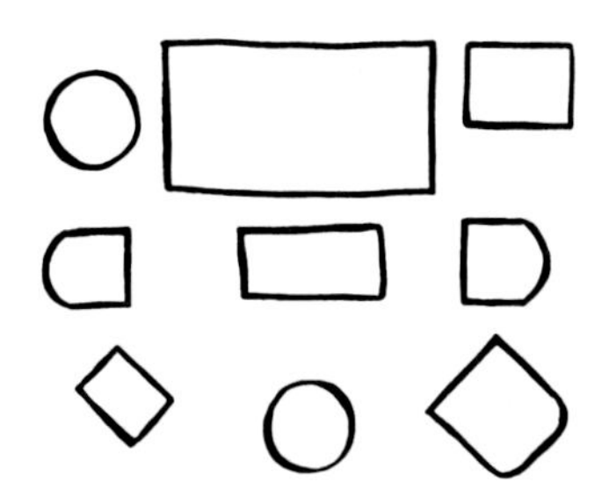

L型沙發、一張椅子、桌几

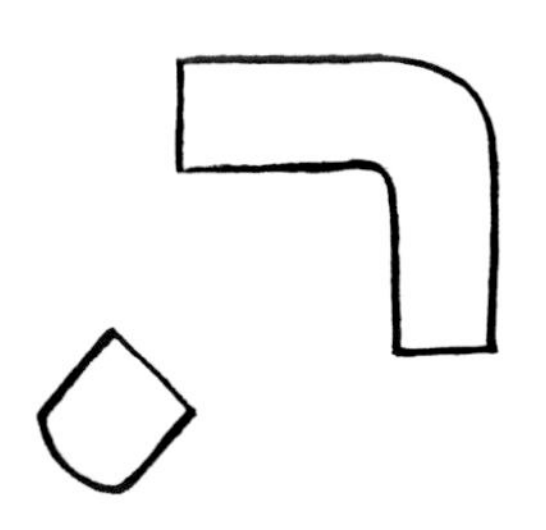

L型沙發是國人客廳擺設的愛用款，因此這種環繞式的擺法相當常見，但L型沙發的缺點是轉角處不易入座，也限制了空間，建議加一張單人椅來打破空間限制，增加擺設的靈活度。

一張沙發、兩張椅子、桌几和腳凳

這是經典擺設的變化版。多加了腳凳不僅增加舒適性，還能在不打亂空間的情況下當成預備座位。

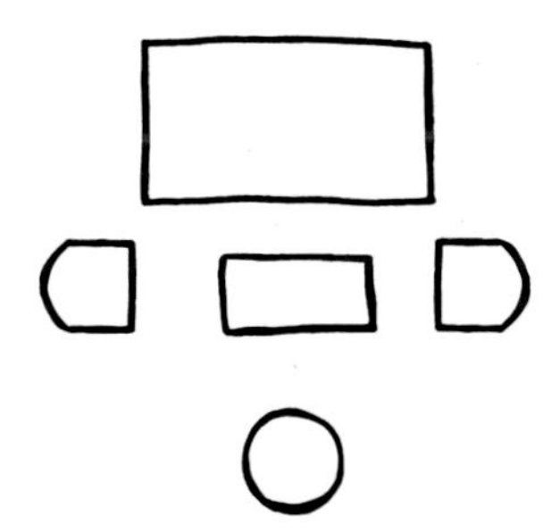

客廳布置 Sofa and Chair
沙發&單人椅 最重要的步驟

高度最好在1/2之內，
太矮、太高都會造成
視覺的不平衡
沙發靠牆時，寬度最好
佔牆面的1/3~1/2
沙發面積過深，
就會縮減空間面
積感

朱英凱室內設計

*
先選材質再挑顏色

朱英凱設計師的建議：建議大家可以從沙發的款式開始，其次再從材質進行考量，最後才挑選顏色，就能界定客廳的風格。

Roomservice Limited

沙發

找到完美的沙發組，客廳布置完成50%

客廳布置要從最大件物件開始，沙發就像船錨一樣，它會讓空間裡的其他家具各自找到安身之所。選定沙發、為空間定位定風格後，再挑選單椅與茶几的顏色、樣式來與沙發搭配，較可以避免桌椅不搭調的情況。

素色好搭不易錯，跳色時尚款卻能彰顯個性

沙發種類百百種，款式不一，顏色也多，往往讓人眼花撩亂。其實，最快的原則是：只要款式經典就不會出錯，搭配一些現代風格的抱枕或布料，傳統款式也能夠變得很現代。

若是素色沙發就不怕風格會被侷限，只要簡單搭配一些裝飾品或牆飾，就能變換風格；但是時髦印花或鮮明的花草圖案沙發，容易侷限客廳的風格；但打破規則也沒關係，只是沙發的花色必須有趣活潑，而且圖案要耐髒，或是用垂直條紋的沙發拉長、放大客廳的空間感。

沙發不超過牆面的1/2，客廳就不會顯得小

由於國人多半喜愛將主沙發靠牆擺放，所以，我們在挑選沙發時，就可依照這面牆的寬度來選用尺寸吻合者。要注意的是，沙發的寬度不要超過背牆，也不能剛剛好，應該佔牆面的1/3至1/2，空間整體比例最舒服，例如：背牆500公分，就不適合只放160公分的兩人沙發，當然也不適合放到滿，會造成視覺的壓迫感，並且影響到屋主行走的動線。

另外，台灣市面上的沙發組，三人座的一字型沙發大約在210至230公分，L型沙發幾乎280公分以上。要把沙發的深度和高度列入考量，整個沙發體積應該要跟空間成比例，太大只會造成視覺上的不平衡。

＊

家具是屋主品味的表現

林志隆設計師的建議：家具是陪伴屋主時間最久的物件，即使搬家，好的家具也能一直跟著生活，建議選用好家具，不只是品味，更是生活。

懷特室內設計

沙發花色選擇鮮豔、
條紋款，不但讓客廳
更有活力，也有放大
空間的功能。
郭璇如室內設計

*

相同空間，門窗開向不同，家具擺法也會變

郭璇如設計師的建議：即使是相同坪數，格局相仿的客廳，只要開窗或出入口的位置不同，桌椅的擺法與適用尺寸也跟著不同。

郭璇如室內設計

＊沙發兩旁要預留空間才不會有壓迫感

郭璇如設計師的建議：若是客廳空間過小，可以只擺入一張一字型主沙發。沙發兩旁最好能各留出50公分的寬度來擺放邊桌或邊櫃，以免形成壓迫感。

Tips 布置小訣竅

如何挑選好沙發

人體肌肉是隨意肌，尤其是坐下來時，身體勢必會尋求平衡點，肌肉在無意中運動，當椅子不良時，肌肉要長時間維持一個不合理的姿勢，當然會疲勞。

有人喜歡支撐力較強、較硬的沙發，有人喜歡鬆軟的沙發，一定要親身試坐，用身體去感受：注意腰椎是否有支撐，當沙發太軟時，腰椎為了尋找平衡，會弓起而變形；當沙發椅太深時，身體隨意肌會自然想緊靠椅背，姿勢不合理的結果，反而更疲勞；此外，椅背的傾斜度也不要超過110度（與地面相對角度）。

而填料影響柔軟度，內部的海綿有分低、中、高密度，密度愈高就愈硬；另外，也有泡綿最上層加一層乳膠墊，建議依照習慣挑選沙發填料。

＊一字型沙發是最佳配搭的單品

林志隆設計師的建議：在搭配沙發組時，我喜愛用一字型沙發再配一到兩個單椅，最能靈活調整。

*

大地色系的沙發是安全款

凱設計師的建議：不論是沙還是地毯，除非個人對顏色的受度較大，不然通常還是建議選購大地色系、花樣素雅的沙發為主。

朱英凱室內設計

懷特室內設計

Sofa set

常見的沙發款式

傳統款式

特徵是圓弧的線條搭配古典的細節，像是：拉扣、打摺、裙邊。拱背式沙發、布里奇沃式沙發、切斯特菲爾德式沙發，以及扶手和椅背等高的英國諾爾式沙發，都是看起來比較正式的款式，外型上帶有一種包覆感。

☑基本款　☐流行款

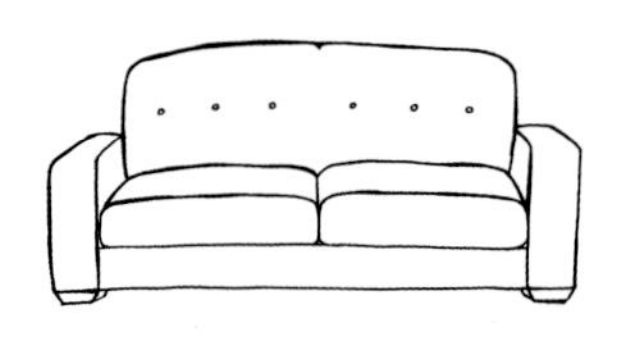

現代款式

簡單乾淨的線條和四方的外型是這類沙發的特色，帶有一種休閒、清爽的氛圍，但又不失設計和俐落感。

☑基本款　☐流行款

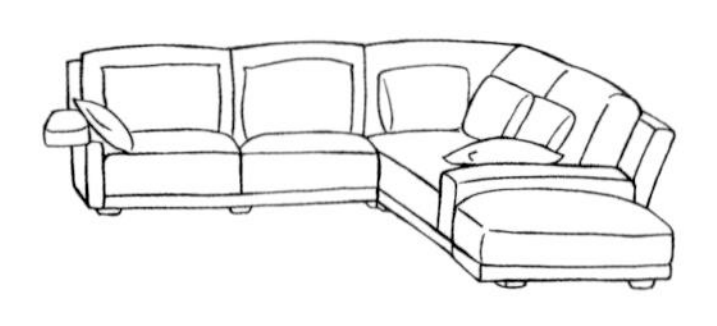

L型款式

台灣人最常選擇的沙發款式，通常會給人休閒的感覺。不過，這種沙發並不實用，因為轉角處不好坐，靠不到椅背、也無法直視電視，比較適合當成沙發床使用。

☑基本款　☐流行款

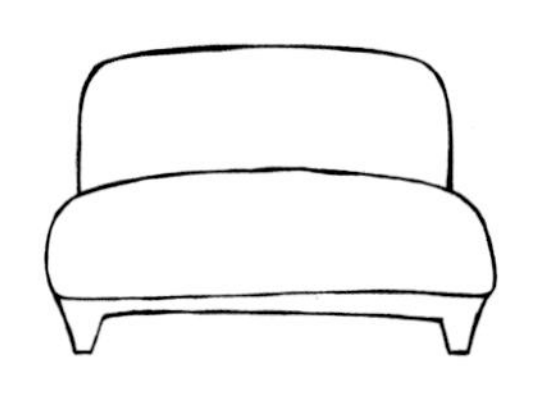

無扶手設計

對於小空間來説，這種沙發可説是充分提供了座位面積。雖然它們的外型通常看起來都很有現代感，但也能找到椅面有著精緻細節的物件，搭配任何設計風格都沒有問題。

☑基本款　□流行款

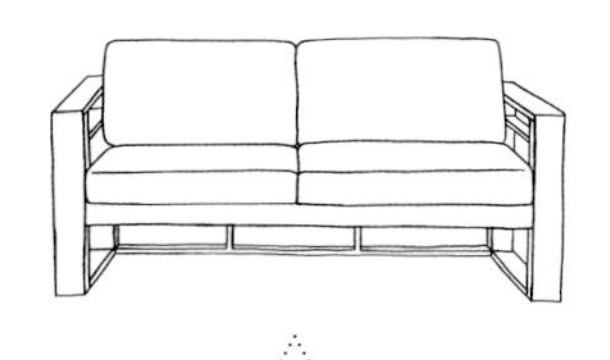

簡約風款式

簡約風設計因為線條簡單俐落、多為素色，易於搭配，近年來相當受到國人的喜愛。但是形式過於簡約，若空間中有較突出、顯眼的家具或擺飾，簡約風沙發就容易被忽略。

□基本款　☑流行款

布製無腳款式

是法國品牌 Ligne roset 的暢銷產品，原名為「TOGO」；為全世界第一張沒有使用金屬與木頭結構的全泡棉沙發。因為特有的皺褶外型被叫做「沙皮狗沙發」。簡單的皺褶很有層次感，一擺就有種説不出的閒散放鬆感。

□基本款　☑流行款

古典風皮沙發

此款皮革沙發是美式鄉村風沙發的變化款，很適合各種風格的客廳中。皮革材質的沙發經久耐用，用得愈久皮革愈光澤亮麗、觸感更柔軟；此外皮沙發給人氣派感，也會加重客廳的份量。

□基本款　☑流行款

貴妃椅

是近年常見的沙發款式，體積大約是雙人沙發，但只有一邊有靠背與扶手，利於使用者斜躺、休息。貴妃椅與一般沙發可供多人使用不同，通常用於個人休息、小憩、假寐等用途。

☑基本款　□流行款

單人椅

擺幾張在角落布置，能點綴客廳的活潑度

擺完沙發之後，通常就是單人椅的配置，因為單人椅能立即在空間內營造出不同個性。主要座位區範圍裡的每張椅子，都要放在手能搆到茶几或邊桌的距離內。傳統的擺法是在沙發的兩側都再多放一張椅子，讓整個空間看起來更整齊。

單椅很好用，你可以放個兩、三張美麗、不佔空間的設計款單椅在角落，以備不時之需；而圓凳可以在客廳需容納十幾人時，派上用場，比起多放兩張椅子，放圓凳比較不會造成視覺的雜亂，也不會有擁擠感，還能讓空間多些柔和的線條。

＊
單椅選擇與沙發不同色

朱英凱設計師的建議：只要在旁邊擺一張與沙發不同顏色、材質的單人椅，就能有效妝點客廳彩度，不再死氣沉沉。

＊
用單椅製造午茶角落

郭璇如設計師的建議：在一些小角落，例如：臥室一角、陽光充足的窗邊……等，我們可運用一、兩張單椅搭配小茶几，就能布置出一處可閱讀、賞景、聊天、喝下午茶的親密空間。

郭璇如室內設計

Comodo Interior & Furniture Design Co Ltd.

有時候單椅也能拼組成客廳座位區；就如圖中所示，不同風格的單椅巧妙地用木材質做連結，便成就了一個現代混搭空間。

*

混搭單人椅 可以表現個人品味

林志隆設計師的建議：單人椅可以是任何材質，不必和沙發一樣。我最常用的形式是一字型沙發配兩張單椅，最好兩張單椅也不要一樣，可以展現屋主不同面向的品味。

Chair set

客廳單椅常見的款式

單人沙發椅

這種經典椅款偏箱型，特徵包括：單人座、扶手、背墊。要是已經有一套沙發組，就要避免這種造型。

☑基本款　☐流行款

單椅

是種沒有扶手，容易搬動的直背椅，這款椅子很適合擺放在沙發側邊；也適合擺在餐廳當做備用椅。這種椅子有許多衍生的設計師款式，各式設計造型的單椅，放在不同風格的空間中，會產生不一樣的美感。

☑基本款　☐流行款

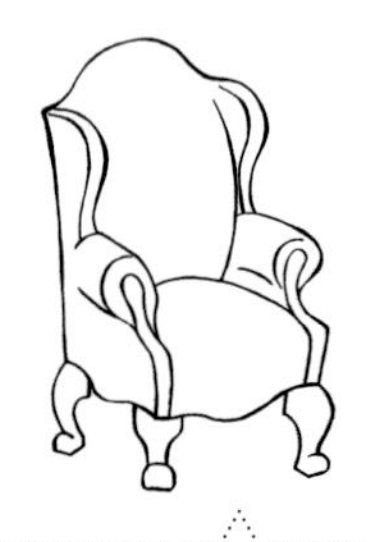

高背椅

是種高椅背的扶手椅，其華麗的椅背往上延伸超過頭部。這種椅子最常見的是皮面材質，營造出文雅的專業氛圍。

☑基本款　☐流行款

圓背沙發椅

是一種用堅實的椅背包覆座椅的設計；這種座椅愈小巧愈顯優雅。

☑基本款　☐流行款

無扶手矮椅

是小空間的愛用款。如果你追求極致的方便性，找找附有輪腳的類型。

☑基本款　□流行款

伊莎艾倫女人椅

是美國家具品牌伊莎艾倫（ETHAN ALLEN）的經典款單品；因為外型可愛又優雅而廣受女性喜愛。女人椅的尺寸輕巧，放在小型客廳裡也不顯擠；椅身稍低，反能讓體型嬌小者坐起來更感舒適，因此常被拿來當成客廳的女主人椅或角落的閱讀椅。

□基本款　☑流行款

圓凳

圓凳是台灣常見的單椅，不只是在客廳使用，也常出現於其他空間中，且用途甚廣，除了可當備用椅，有時可依凳子的造型，適時地移做邊桌或空間造景擺飾。

☑基本款　□流行款

溫莎椅

起源於十八世紀中期英國的溫莎堡，後來傳至美國，成為美國社會的愛用單椅款式。外型上，有固定靠背和多根細細的支架，材質多是松木、橡木、楓木等。

□基本款　☑流行款

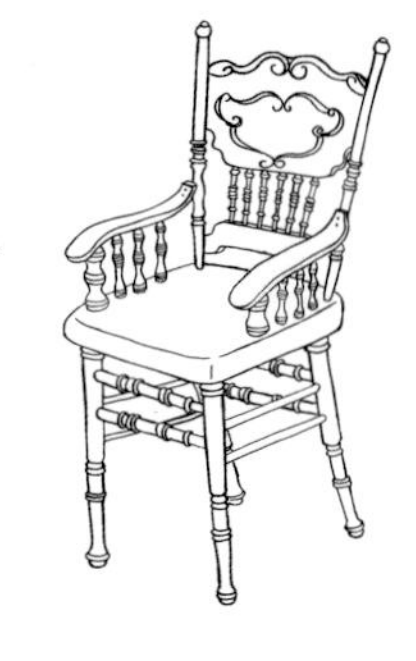

太師椅

是中國傳統的單人椅，起源於十二世紀左右，早期多見於富貴人家，於清代才普及於民間，後來也傳至海外，有了許多變化款。外型的特點是有細木條圓拱鏤空靠背和扶手，靠背中段多有木板紋飾。

☑基本款　□流行款

客廳空間最重要配角 茶几&邊桌 Coffee tables & Occasional tables

35~45cm的
距離最舒適
40cm的高度符合人體
懷特室內設計

茶几

牽動客廳其他家具擺設協調感的要角

小小的茶几就是客廳空間的中心點，所有家具都繞著它運轉。茶几的造型會影響其他家具的配置，一旦茶几就定位，客廳裡最重要的擺設就大致完成。

最合適的茶几要和沙發互補並對比

挑選茶几的款式和材質，得先從沙發下手，找出和沙發相反、又能互補的樣式；若是沙發為美式真皮沙發，感覺較休閒，就可搭配較陽剛、厚重的茶几；相反地，要是沙發椅腳比較細緻，就可以挑選有點份量的茶几。如果沙發是深色，那就找淺色的茶几。

現成茶几的材質需要與其他家具的材質作連結

若是選購現成的茶几，要留意材質是否出現在空間中其他地方。有些人選擇大理石枱面的茶几，卻忽略家中並沒有相同材質的物件，造成單一材質突兀地出現在空間中，就難以達成協調性。

客廳擺設合乎人體工學，動線才會順暢

茶几放在人人觸手可及之處雖然方便，但一不小心反而會成為路障；因此，擺設位置需要合乎人體工學。為求動線順暢你可以這麼做：

❶茶几跟主牆則要留出90公分的走道寬度。

❷茶几跟主沙發之間要保留35至45公分的距離，而45公分的距離是最為舒適的。

❸桌子的高度應和沙發被坐時一樣高，大約是40公分高。

郭璇如室內設計

＊ 坪數較小時選鏤空型茶几

朱英凱設計師的建議：客廳茶几可以簡單分成底部「鏤空」及「有抽屜」兩種。後者因為多了收納空間較受歡迎，但如果坪數不大時，建議以鏤空型為佳，可以讓客廳看起來更通透，產生空間大的錯覺。

沙發是真皮沙
發，就搭配厚重
紮實的茶几
懷特室內設計
茶几桌腳的材
質在空間中不
斷重複
懷特室內設計

邊桌

可以機動移位，增添客廳風味的好幫手

邊桌的主要作用是填補空間，常用在沙發和茶几間的空隙，它的擺設取決於空間的大小，若挑選到有設計感、與桌椅組搭配和諧、不突兀，就更加具有裝飾作用；如果放盞桌燈，就能增加空間氣氛，用途十分廣泛。

邊桌就是要方便使用，所以桌面不應低於最近的沙發或椅子扶手5公分以上；這種小邊桌是能為客廳增添魅力的家具，有需要時就能馬上移位置來使用。

Tips 布置小訣竅
挑邊桌時可多點玩心，用不同的材質營造特別的味道和氛圍；把木箱拿來當邊桌使用，不僅收納空間增加，桌面也跟著變大。如果沙發不太穩，可以在後面放張小桌子、餐具或矮書櫃。

懷特室內設計

懷特室內設計

邊桌變茶几

郭璇如設計師的建議：小宅因為坪數有限，擺入沙發後，剩餘的空間有限，可以直接在沙發邊擺張邊桌，就能代替茶几的作用。

古典小布凳變茶几

橙橙設計的建議：古典風的客廳桌子有時可用椅子來替代，例如：將兩張小布凳併攏上放托盤，就是簡易的桌子；不但具創意造型，座位不敷使用時還可彈性挪作座椅。

收納亂區

林志隆設計師的建議：邊桌就是可以隨手放茶杯、報紙、閱讀中的書的地方，雜物有地方放，茶几自然就不會亂。

Coffee table & Side table

茶几&邊桌的常見型式

沙發桌

曾流行一時的款式，多用在現代風、混搭風的客廳布置。因為是沙發材質，也可以挪為座椅使用，挑選時要注意桌子的穩固度，以及枱面的面積能放置小物。

☑基本款　☐流行款

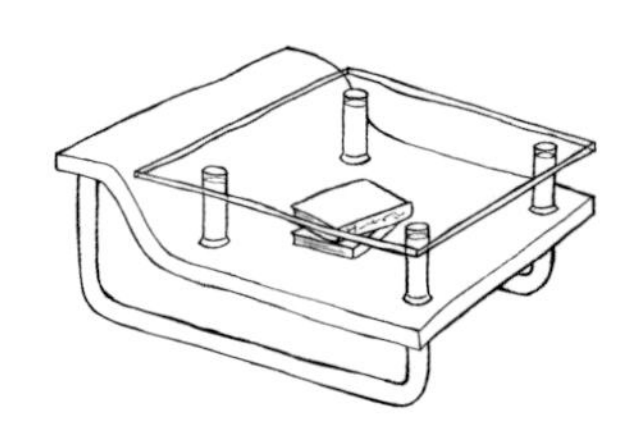

玻璃桌几

也是常見的造型桌；選購需注意桌面是否是強化玻璃，厚度最好超過 2 公分；在收納時也要注意，把雜物放在下方空間時，必須少量、整齊，否則會讓整個空間看來更亂。

☑基本款　☐流行款

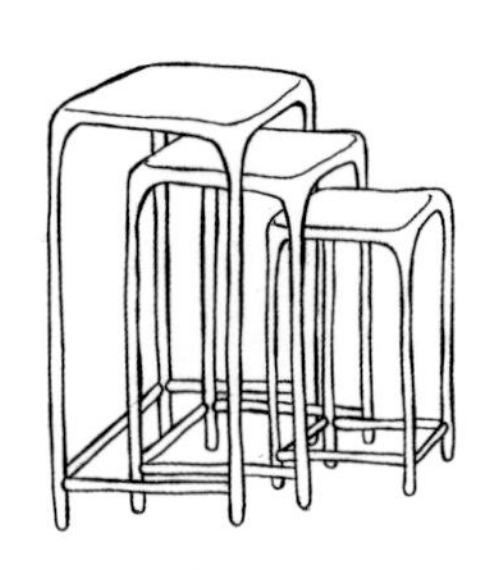

子母桌

是由一對或三個能嵌入收納的桌子。它們很方便移動很省空間，也為平面的空間增添不同的高度起伏。有時，最高的那張可拿來當作邊桌，小張的則視需求自由使用。

☑基本款　☐流行款

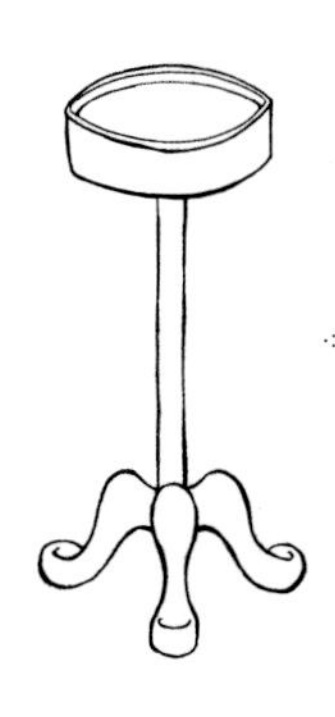

單柱腳桌

它的底座設計通常是向外展開，在有稜有角的空間中，會多份優雅。

□基本款　☑流行款

圓桌

並不省空間，但可以打破有稜有角的長型空間，帶來舒適的感受。

☑基本款　□流行款

長形邊桌

方形和長形能夠配合其他家具的空間配置，儘量挑選面積足夠放枱燈或抽屜的桌子，方便收納雜物。

☑基本款　□流行款

長桌

是最受歡迎的形狀，因為它可以自然地融入座位區。

☑基本款　□流行款

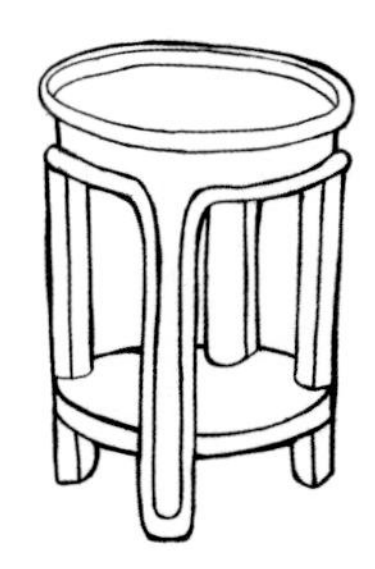

圓形邊桌

有時是小圓凳狀，有時則為中國風的型式。是最能填補沙發和鄰近椅子的空隙，能為客廳加入柔和的曲線，打破空間慣有的方形線條。

☑基本款　□流行款

The Promoter of 氣氛的推手Roomstyle atmosphere 客廳燈源

嵌燈：可提供此空間的基礎照明亮度。
主要為裝飾之用，增加此區一個亮點。

吊燈：是主燈源，
也帶出空間的古典
華麗
橙橙設計

客廳的燈光可分成三種照明模式：環境照明、作業照明、重點照明。環境照明基本上就是取代日光的光源照亮整個空間；作業照明則提供特定活動的照明，例如閱讀；而重點照明則是完全裝飾性的照明。

燈具使用多元化，就能創造客廳的個性

在一個空間裡，照明是必需的，但是燈光的設計卻是極為深奧的課題，如何做到光影層次的展現，及溫馨華麗的妝點，建議以吊燈、立燈、桌燈、壁燈，四款作層次上的運用與搭配。

台灣的傳統習慣多是在天花板做固定燈源，但這種燈光打下來多半刺眼、缺乏美感。反而是在空間中挑幾處當成照明點，讓光源散落在各個不同的地方，落地燈加桌燈的組合、內嵌式的照明，都是很棒的選擇；整個空間的主要光源是需要細細思索的。

不喜歡原有的廉價燈罩怎麼辦？

以高級布料、紙材、絲綢……等材質製作的燈罩，都能將燈具的廉價感升級。選燈罩時，可以將燈座一起帶去，這樣就能挑出最合適的燈罩；例如：圓柱的燈座配上鼓狀燈罩就很好看，花瓶式的燈座配上傘狀的燈罩也非常合適。

當然，燈罩的顏色和透光性也要列入挑選的條件中。不透光的燈罩，光線只會往上打跟往下打；透光燈罩則是光線整個透出來。另外，粉紅或黃色的燈罩會讓打出來的光較柔和。

郭璇如室內設計

*空間中多重照明有層次

橙橙設計的建議：在一個空間裡，照明是必需的，但是燈光的設計卻是極為深奧的課題，如何在必須下做到光影層次的展現，及溫馨華麗的妝點。建議以吊燈、立燈、桌燈、壁燈，四款作層次上的運用與搭配。

客廳照明 用軌道燈或聚光燈

朱英凱設計師的建議：聚光燈、軌道燈屬於直接照明，可以做為客廳的主要光源，有時候換個方向打光投射，能讓空間更柔和、有層次，並兼具「放大空間」的效果。

燈罩花色 配合沙發

郭璇如設計師的建議：先選定沙發之後再挑枱燈。若是布沙發就搭配傳統布質燈罩，先從沙發的配色找到主色，再選擇以這種顏色為主的燈罩。

Tips 布置小訣竅

燈光會決定物品傳達給居住者視覺感受，最理想的色溫應該控制在3000k到3500k，在這樣的光線下，所有的家具設計和顏色裝潢效果最好。現在，一般家庭為了省電都會選擇省電燈泡，如果色溫沒有搭配在正確的範圍內，到了晚上，你會發現所有的布置都是白費的。

打光方式不同，功用不同

林志隆設計師的建議：可以在茶几上方設置主要照明，用來點出客廳的中心，邊几位置也再打燈，單椅上方則打聚光燈方便閱讀，只要相互搭配得宜，就能成功營造空間的溫馨氛圍。

Livingroom Lighting

客廳燈具的常見款式

桌燈

放在靠近沙發的邊桌上，高度與人坐下時等高，是最舒服的；若會在此處閱讀書籍，可以安裝 75 至 100 瓦的燈泡。

☑基本款　☐流行款

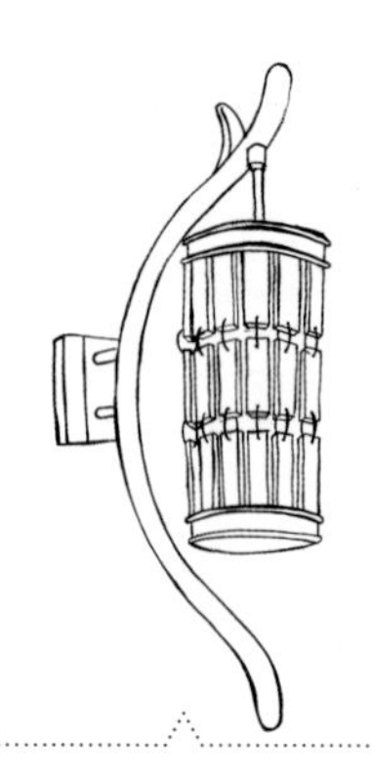

落地燈

標準高度是 1.5 公尺，若房間天花板挑高，則可以選擇更高的款式。把它擺在空空的角落可以增添風味，做為單人座的照明也很俐落；可以使用 60 瓦以下的燈泡，減弱刺眼的光線；但要注意高度固定的落地燈，應與沙發保持良好的距離。

☑基本款　☐流行款

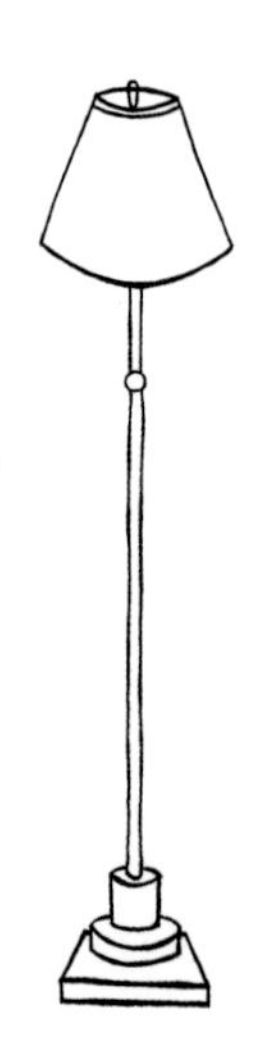

壁燈

安裝一對在沙發上方或大門兩側，能增添藝術氣息。整個空間只要牆面有了壁燈，就能改變整體氛圍。當不點燈時，壁燈本身造型就帶有極佳的裝飾效果。

☑基本款　☐流行款

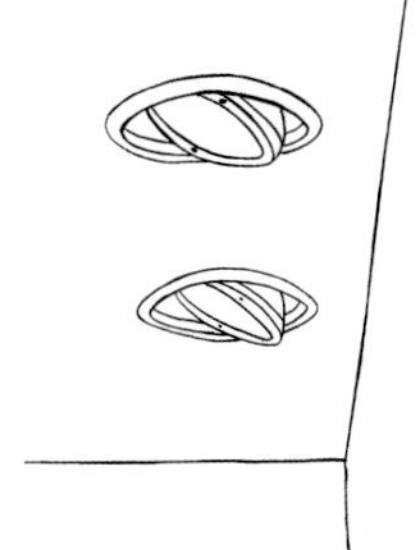

嵌燈

通常會內嵌在天花板或軌道上，很適合拿來照明書櫃、藝術品等等暗處。從上往下的光線可有效地提供這空間的基本亮度。

☐基本款 ☑流行款

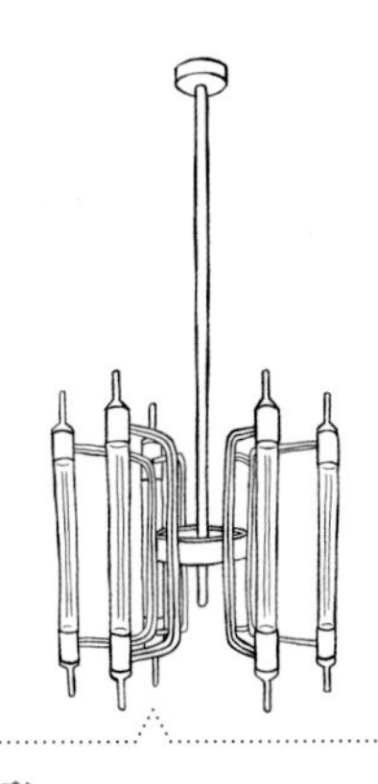

吊燈

吊燈是客廳常見的主燈源；通常都安裝在天花板的正中央。在早期，國人都愛選用較華麗的吊燈，來營造客廳的氣派豪華氛圍；但近年來，吊燈款式多元，大般人多愛配合空間風格挑選合適的吊燈造型，也不一定當做主燈源，有時會加入其他不同的照明方式。

☑基本款 ☐流行款

造型落地燈

傳統的落地燈都是直立式的，但為了增加燈具的可看度和藝術性，各大設計家具品牌都紛紛設計出造型獨特的落地燈。靈感來自於懸臂式桌燈。它的曲線燈臂可以柔化較剛直的空間，也令人的視覺往上延伸，是許多屋主的最愛。

☐基本款 ☑流行款

造型吊燈

傳統的吊燈多是單一垂吊的華麗造型，但不斷推陳出新的設計款就有很多變化。除了單垂吊型之外，也有長排型的，更多的是將原有的水晶燈體改成線條較簡潔的現代燈體，例如：花朵造型、燈泡造型……等。大家可以依照空間的風格，挑選適合的設計款。

☐基本款 ☑流行款

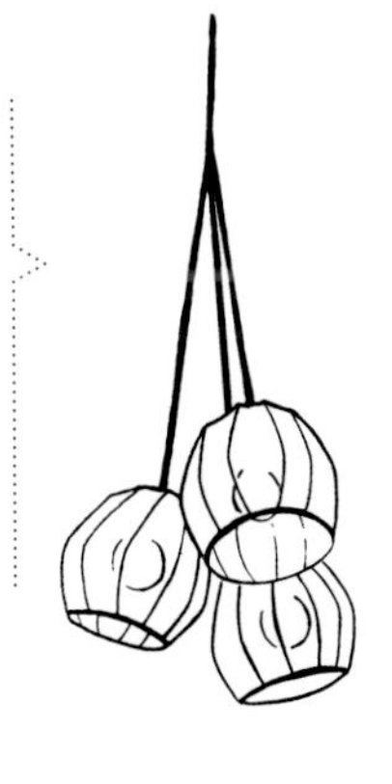

造型桌燈

桌燈的設計款也很多元，傳統的燈罩就有各種變化，也有無燈罩的設計，以及人物、動物、植物，甚至是動漫人物的造型。

☐基本款 ☑流行款

讓收納成為客廳的收納一種布置 Let storage becomes an arrangement

當空間設計較簡約素雅時，可以在櫃面、平台上擺放綠意，讓空間增色。
對小坪數的家庭來說，運用開放空間和「化牆為櫃」的收納手法，會讓家看來更大更開闊。

A Square Ltd.

善用客廳每一寸空間

直向收納數量多，橫向收納方便拿取

客廳有一項不能忽視的問題，這裡常堆放數量驚人的雜物，有條理的收納是必要的。公共空間首先要顧慮的是空間感和開闊性，因此客廳儘量先考慮水平的收納方式，例如：橫向的電視櫃；然後就是最大容納量的縱向收納，盡可能善用垂直空間來做櫃體，但建議高度不要超過240公分，否則難以拿取。

但是，如果需要收納的物件較大，做再多櫃子不如用一間小儲藏間來解決。小儲藏間多選在客、餐廳附近的一個小角落，既不擋住動線，也方便收納、拿取公共空間的東西。另外，在沙發側邊增加收納袋，也是方便隨手放的收納。若書報數量較多，建議做書架，像是鏤空書架雙面皆可用的特性，可以支援客廳與餐廳收納，也可成為空間布置的一部分。

層架

開放式的收納也是一種布置藝術

不想被四散的雜物包圍就得替它們找個家，牆上的層架或書櫃，就是個解決之道。盡可能善用房裡的垂直空間，就可以創造井然有序的客廳。有些物品可以展示，像是：相簿、書籍、DVD……等，但有些東西就需要裝進雜物箱：電線、小工具、遙控器……等，再擺上層架，看起來會乾淨俐落；只要丟進箱子裡，就不用再去想裡面有多亂，標明內容物，需要時就能夠馬上找得到。此外，也可以選購有收納功能的家具，例如：木箱、有蓋的椅凳。

化牆為櫃是收納好方法

朱英凱設計師的建議：無論隱藏或開放式收納，如果能「化牆為櫃」，讓不好看、雜亂的東西隱藏其中，讓好看的地方局部或全面開放，就是能展現居家品味、兼顧美觀與收納的好設計。

轉角處是展示架

林志隆設計師的建議：利用牆面轉角做層架，窄窄的一道層板就能當成展示架，即便放得再亂也不顯得難看的，不需要做到整個櫃子；但不適合露出來的雜物就要用部分門片隱藏。

利用滑輪櫃收納CD和書籍，再以簡單的拉門當櫃門；不想讓訪客看到時，就關上拉門收起，想讓空間多點裝飾時，就打開拉出櫃子，呈現有趣的效果。

懷特室內設計

Décor House

開放空間可以垂直、隱藏、開放式收納並用；善用格子櫃的特點，部分格子是展示式的收納、部分則是抽屜，成為整個空間中非常重要的布置焦點。
In Him's interior design
PplusP Designers Ltd.

視聽收納櫃

雜亂的線團只要一個抽屜就解決

電視機是每個家庭必備的，外加相關的DVD播放器、音響、多媒體家電；這些家具其實是客廳最大的雜物區；若是你愛聽音樂、看電影，那麼這一區的雜物收藏，就更加重要了，最理想的方式就是為家電區購置收納櫃。

最舒適的電視擺放高度

現代家庭大多是平面電視，它薄扁的機體易於安裝，但常有高度不對的問題；與視線等高是最基本的原則，但要記住：視線的高度是坐著看、不是站著看。

在購買電視之前，先裁一張與電視大小相同的紙，在牆上量一下，看看你在看電視時會不會抬頭或低頭。如果安置電視的地方過高，在選購電視時，可以挑可調整的壁掛架，讓電視機往下扳。

將擺放電視、影音播放器的那面牆，做成開放式的展示型收納層架櫃。只要運用得當，會成為空間的亮點，例如圖中刻意在視聽櫃後打光，就是光影和收納並用的客廳布置。
Matteo Nunziati
傳統常見的視聽櫃多是水平橫向收納的低櫃，此時可在櫃面擺上小飾品增加空間亮點。
Roomservice Limited

牆色選用電視與收納櫃過渡色

理想的視聽櫃，包括：DVD收納架、延長線、電線等的收納抽屜。櫃的顏色通常是牆面色彩的延伸，最常見的是米色這種淺色系，但是在米色視聽櫃上放置黑色電視機看起來會相當突兀，所以建議在電視機後方牆面上塗刷過渡色系，像是灰色、咖啡色等。

*依電視與牆的比例找視聽櫃

朱英凱設計師的建議：視聽櫃該用半高櫃/矮櫃的形式，或是嵌入式/外露式的設計，端視電視牆與客廳大小的比例，以達到整體空間的美觀效果。

用包線管管好雜亂的電器線

一大把電線繞來繞去，看了讓人煩心，建議用膠帶或標籤註明每條電線是哪個電器的。想要視覺上更乾淨一點的話，可以使用包線管把所有的電線包在一起，這種產品在3C電器行都有販售。

Andrew Bell

*用整面牆做展示型收納

橙橙設計的建議：視聽櫃可以以裝飾型態呈現，也可結合書櫃、展示櫃，並巧妙的安排於沙發對面的整座牆面，達到收納及風格一致性的完美效果。

視聽收納並不如想像中的難，有時只需要一個簡單乾淨的矮層櫃，將所有的3C家電整齊地放好，便能讓空間看來清爽。

Vivid Design Ltd.

若你的客廳收納有預算的考量，或是一時未挑到自己喜愛的視聽櫃款式時，依然可以用簡易拼裝櫃來製造空間視覺的衝突。

Chateau Interior Design Ltd.

Media Storage

收納櫃常見的款式

隱藏式收納櫃

內含隔間或可調式的層架，方便收納所有的多媒體家電。這種櫃子通常體積大，建議挑選垂直式收納。

☑基本款　□流行款

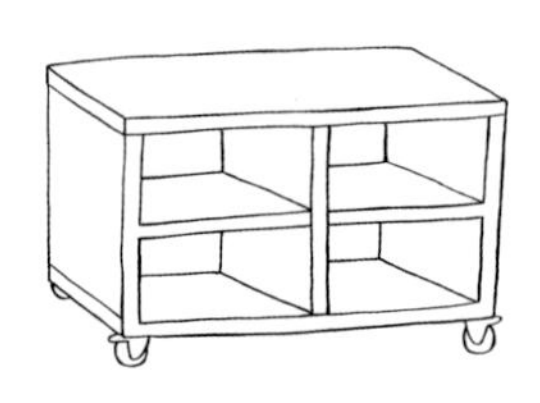

開放式收納櫃

多是層架或隔間設計，方便收納電器。開放式的特性對於機器挪進挪出或調動位子都很方便，但這種櫃子務必保持整齊，不然容易看起來雜亂。

附輪電視櫃

是種體積小、可移動的電視櫃，非常適合擺在空間不大的家庭房。

☑基本款　□流行款

餐具櫃

若是你的電視是附腳架的平面電視，就可以把餐具櫃或碗櫃改造成視聽櫃，把電視放在上頭。只要在櫃子背面開個孔，讓電線穿出，接上插座就可以了。

☑基本款　☐流行款

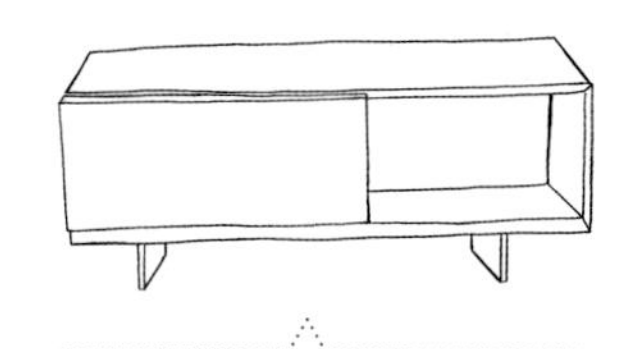

現代電視櫃

稍有設計的電視櫃，有隔層架，方便收納電器和相關用品；體積小、型式單純，在客廳空間中是點綴其他焦點布置的綠葉家飾。

☐基本款　☑流行款

造型電視櫃

較有造型個性的電視收納櫃，櫃體通常是以木材製成，但不一定都用木色，有各色款式可選擇。

☐基本款　☑流行款

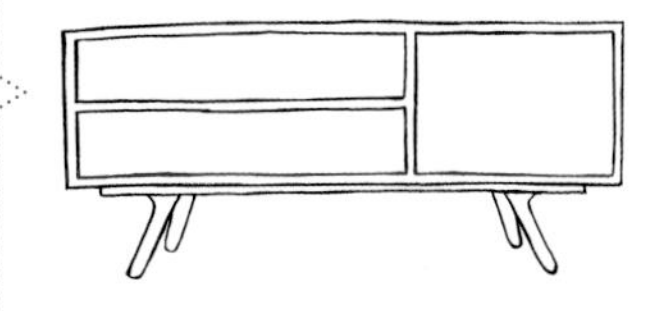

現代造型櫃

此類型收納櫃不僅止於視聽收納，也可擺於其他空間中；特點是造型都很流行、前衛，多見於現代風設計的空間中。

☐基本款　☑流行款

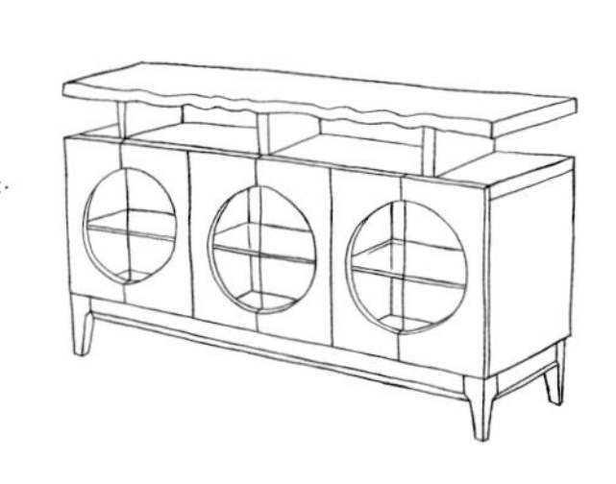

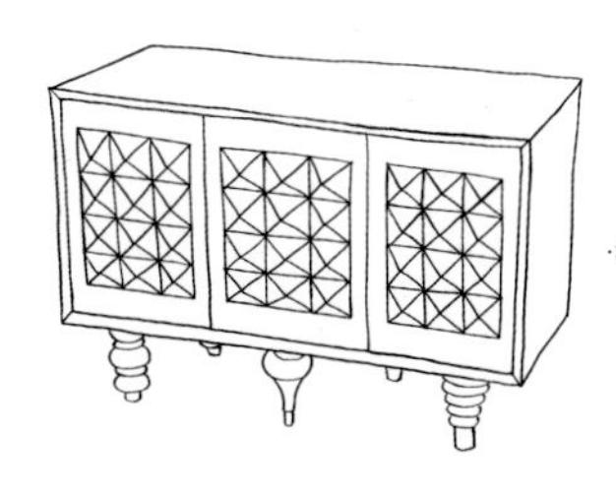

傳統矮櫃

是古典式的造型櫃，櫃體不高，外型多是洛可可風，若客廳的設計是輕古典或輕鄉村，可以選擇此款簡約的小櫃收納電器、視聽。

☑基本款　☐流行款

空間中畫龍點睛的必要物件 地毯&其他小擺飾

The Important roles of Living room furnishings

地毯的某一側的寬度最好略大於主沙發5公分左右

可找空間中沒出現的線條、色彩，增加豐富度。

地毯

用一張地毯集中客廳的焦點

多數人對地毯的印象，就是容易滋生塵蟎、難於清理，其實它是客廳布置的要角；只要中、短毛的中型地毯，就能明確界定客廳的位置，還可以襯托沙發的質感。

地毯能減少走動時造成的樓板噪音

一塊小地毯對喜歡隨著四季變換擺飾的人來說最沒壓力，是完美的單品。你選擇的地毯尺寸、形狀和材質都會影響房間的擺飾，地毯的功能包括：提供舒適感、阻隔噪音、襯托家具。

方形地毯是最符合空間的基本款，但圓形卻能帶出更多變化性。一張花俏的地毯會讓空間的焦點，都集中在它所在的地板上，就會影響空間的視覺，所以挑選地毯必須特別注意。許多人家裡的客廳地板，都是冰冷的石材，例如：大理石、拋光石英磚，光腳踩在軟綿綿的地毯上，感覺就比較舒適。

要以不易髒、中間色為主要選擇，耐看也好搭配

關於材質和顏色，唯一的重點就是：以不易顯髒的為主。白色和淺色掩蓋不了髒汙，但深色又容易凸顯掉落在地毯上的線頭和棉絮，所以避開極深和極淺的顏色，挑個耐看的中間色。

在地毯上擺放家具時，可以把地毯想像成一座舞台，而茶几一定是在舞台正中央。因此，鋪好地毯後，就先依長度測量中間點，那裡就是茶几擺放的位置。

想延長地毯的壽命就要保持乾淨，否則灰塵會侵蝕掉它的纖維，最好是以吸塵器將地毯兩面都吸乾淨後，用防滑墊鋪在下方來保護地毯。

* 中性和大地色最百搭

朱英凱設計師的建議：素色地毯是最安全的選擇，若希望有圖案或花樣的話，挑中性色或大地色的，較為百搭。

* 整合空間中所有單品

郭璇如設計師的建議：客廳鋪上塊毯，可以強化客廳座位的團聚在一起，將沙發、單椅、桌几、燈具……等家具，整合成一個空間主題。

郭璇如室內設計

小地毯不一定要是
方形，用圓形、不
規則圖樣，都能讓
空間更活潑。
Recin Interiors Limited
在乾淨的素色空間
中，可用色彩繽紛
的地毯去妝點，讓
整體更有溫度。
地毯的鋪設範圍可納入單椅、
邊几，會有統合性。
朱英凱室內設計
Artwill Interior Design House

其他配件

挑最喜愛、最美的擺，多了就不好

配件並非必需品，但它們是空間布置中最便宜、快速，讓整個空間多些趣味和生活感的物件，也能隨著季節或心情做變化，例如：在冬季放上抱枕或毯子，會讓空間感到溫暖。

但是擺放配件容易過頭，千萬不要一次把所有東西全展示出來；像是擺放照片，幾張照片就好看，多了就過於自捧。記住：別什麼都拿出來擺，只挑自己最喜歡的就好。

抱枕：疊放在沙發上，增加悠閒感

能讓沙發變得更舒適，小小一顆抱枕就能呈現出萬種風情。不過，抱枕不可多，建議只要少數幾顆方枕就好。試試看用層層疊疊的擺法，可以豐富層次感，也令人在躺臥時感到鬆軟，進而營造出悠閒、愜意的氛圍。

書報：疊起來、增加空間不同質感

書報、雜誌能表現個人特色；家中沒有太多書本，還是可以擺在客廳當擺設，變成一種布置。幾疊不同高度的書本放在邊桌上會有出不同的立體感。

利用幾個柔軟花色的抱枕，疊放在同色系的沙發上，平衡空間的視覺層次和溫度。

郭璇如室內設計師

Grande Development Limited

在客廳的角落擺上一個小櫃，和自己喜愛的樂器，放幾本樂譜、書報，就是一個知性的布置。

疊幾疊書，然後在其上放一塊大的玻璃或大理石板，就成了另類的桌几。

Chateau Interior Design Ltd

裱框照片、圖畫：植物、風景的主題最適合

挑幾張自己最喜歡的照片，裱框風格要大致相同，然後集中放在一起，掛在客廳牆上，就可構成饒富特色的「相片牆」，是很好的空間裝飾。

相同地，我們也可將這樣的手法運用在掛畫上；不擅長挑畫的人，可以挑選植物或自然風景為主題的繪畫。而這種布置技巧更可以運用在日常行走會經過的走道，將它改造成自家獨有的藝廊。

將有趣的收藏或趣味小物
擺得有技巧，會很好看。
12
NINE
THREE
6
KARLSSON
KARLSSON

Grande Development Limited

在樓梯間的轉角處同樣可以玩「自家藝廊」的空間布置手法。

Ross Urwin

廊道立面裝點成組照片，往往能成功地構成視覺焦點。

郭璇如室內設計

在牆上掛置格子層架，放進小件的私人收藏，是種很有創意的布置方式。

A Space Design

有時同類的收藏品不一定要全擺出來，挑精彩的擺就好。

Boris Design Studio

有些採光不足的空間，可以在牆上掛畫，稍微用小桌几和幾件小擺飾，再打上光，就會不一樣。
Matteo Nunziati

蒐藏品：集中展示比分散布置好

人人都愛收集東西，想讓你收集的小玩意成為亮點，要注意幾個重點。

1. 一樣的東西不能太多，只展示收藏中最棒的就好。

2. 把展示品放在同個區域，比起四散各處更好。

3. 試試用創意展示收藏品，例如：用小格子放小件的收藏品、大件的物品用吊掛的方式展示……等。

玄關處放上一個單人沙發，加上小邊几，牆上掛數個碟子，就可讓換鞋處成為頗具鄉村風的景致。

沙發角落的邊几和小桌
其實是非常好發揮布置
長才的場域，放個瓶
花、擺件可愛的玩偶，
畫面就有趣。
Roomservice Limited

窗台上擺放一些小玩意
兒及幾盆小綠栽，不要
集中，稍稍有些間距、
前後層次，會變成賞心
悅目的小景。
間距
集中
集中
HOUSEHOLD DECORATES
2008-2018/Catalogue
Expo Express
Furniture
Grande Development Limited

風格布置
客廳
筆記

・顧問／橙橙設計

古典風

家具必須在細節上的雕琢下足功夫，才能成就繁複且細緻的作品。

沙發

搭配的布料及皮革也相對的考究。以沙發布料而言，絨質、絲質都是堪稱貴氣、優雅的首選材質，再加以緹花織布法，更增古典的細膩，即使布面，沒有做太多的抓褶、抽縐，也絕對不失古典的氛圍。再就皮革來談，原則上皮革本身色系以深咖啡色、酒紅色、墨綠色、湛藍色為市面上常見，但皮革處理方式，以仿舊處理，甚至微有刮痕感的皮料，更能呈現古典世界的歷史性，綜合以上二款材質，再添加古銅色系之鉚釘在沙發下緣及扶把，絕對是極致工藝的代表。

電視櫃

壁爐的設計，可烘托出整體空間更加溫暖、雅緻，也是在電影中、歐洲旅遊中常見的，如果希望再加入更豐富的功能，即可在下方離地50公分處，加入音響設備的功能，也就是一座兼具古典與現代影音設備的巧妙結合。

茶几、邊几

在客廳的空間中，不可或缺的另外一個主角，即是主茶几，再來是邊几，如何選擇兼顧實用及整體性的物件，是一個值得仔細研究的學問。

傳統的認知，主茶几以長方形居多，邊几以正方形或圓形為主軸，然而在講究工藝的古典世界裡，它是沒有侷限的，甚至一個大型沙發腳凳，也可以做為客廳中的主茶几，只要加上一個硬質大型托盤，它也可以兼顧實用多元及創造出浪漫唯美的空間感。邊几的型式更是不須拘泥的，圓形、六角形、不規則形，只要木質雕刻夠細膩，皮革局部鑲嵌夠完美。

燈具

空間裡的燈光設計是極為深奧的課題，建議以吊燈、立燈、桌燈、壁燈，四款作層次上的運用與搭配，再依不同風格的古典裝潢，決定燈具材質的選擇，骨架部分不乏古銅、霧金、霧銀、木質雕刻等，視造型而定，再佐以水晶片、水晶球、水晶管，如此，低柗度的光影、牆面的陰影、及天花板上的倒影，都會讓空間美到令人讚嘆！

飾品

布置得宜，是點綴、是裝飾，擺放得不洽當，即是累贅。許多人將古典中繁複多元的歷史傳承與複雜多餘的浪費混淆成一物，所以在採購飾品時，應該先懂兩者的差異，才能將投入飾品的預算，當作是裝潢設計中必要的支出。

適合古典風格中最完美的裝飾，以銅雕為主，不論動物、人物、鐘、燭台…相當多元，不勝枚舉。另外，精緻雕琢的瓷器，囊括了杯盤系列、芭蕾舞者，皆為首選，水晶材質的飾品，也是古典中的靈魂人物，它折射的光影，炫麗而不俗豔，活靈活現的工藝手法，也再再被各世代的人們所喜愛；最後值得一提的，在歐洲古典設計中不可或缺的，即是花藝與鑲上古典線條邊框的油畫或水彩畫作，有了這二項生力軍，才能為冰冷不具生命的裝潢中，增添柔美與藝術的居家生活品味。

風格布置

客廳

筆記

・顧問／郭璇如設計師

鄉村風

經常出現花布沙發，注意緹花布紋樣的質感是愈精細愈耐看。

郭璇如室內設計

客廳的基本擺設

典型的鄉村風客廳，通常以壁爐為中心，在壁爐前方各設一對主人椅，其餘空間則陳列其他單椅或長沙發，通常還有矮几跟立燈；所有座位構成面對面、可用來談心聊天的布局。最後，再鋪上塊地毯，強化以上家具。

地毯要比主沙發大5公分以上

地毯的尺寸最好是有一側的長度比主沙發略大，鋪設範圍同時能納入茶几與主人椅等椅具。如果客廳沒那麼大，那麼地毯只要有某邊的寬度比主沙發略大個五公分即可。

沙發

英式鄉村風、美式鄉村風經常出現花布沙發。花布很美也很容易看膩，尤其當花色出現在兩人座或三人座的長沙發時，可愛、嬌俏的花色可能一不小心就變得俗氣了。

選擇沙發布的花色時，首先得看它的配色。一般而言，花色不會太強烈的會是較安全的選擇。對比強烈的花色效果可能讓人驚豔；可是搭配上也頗具難度，很難駕馭。

其次是布料的花色細緻度。基本上，沙發布可分為緹花布與印花布；前者的花樣是在織布時運用紡線交錯排列而織出圖案，印花布則是在平織出來的布料上染印出各種花樣。除了布料品質與花色的水準，搭配功力才是關鍵。如果你還不太能掌握空間，選緹花布通常會比較保險，因為紋樣的質感是愈精細就愈耐看。

燈具

在歐美鄉村風住宅並不會採用全室一片明亮的均質照明，而是透過壁燈、吊燈、枱燈或立燈等，以局部照明的手法來營造令人放鬆的氛圍。然而，國人習慣室內照明要各角落都很亮、認為歐美住宅的重點式照明過於昏暗；因此可以變通加裝嵌燈。不過想走鄉村風，儘量別以嵌燈來當主燈，局部照明會比這種從上往下的照明，使人放鬆身心、拉近彼此的距離。

但如果想用嵌燈，那就要注意光色！鄉村風空間不適合看來顯得冰冷、理性的白光。所以，不管壁燈、吊燈、桌燈、立燈或哪種燈具，都請選用2700k至3000k的黃光燈泡。

・顧問／林志隆設計師

工業風

暗色系沙發較適合工業風，皮沙發是首選。

懷特室內設計

客廳布置

建議從最大件物件開始，選定沙發、為空間定位定風格後，再挑選單椅與茶几的顏色、樣式來與沙發搭配，較可以避免桌椅不搭調的情況。

沙發

客廳是呈現風格的中心地點，有風味家具更是工業風的靈魂。在復古工業風格中，擺放一個仿舊皮沙發，等於馬上賦予這個空間靈魂，因此在復古工業風或者混搭工業風之中，沙發幾乎可以說是主導整個空間的走向，風格有沒有型，第一眼就看沙發，絕對要慎選。像是表面刻意斑駁的仿舊皮革包覆的沙發、搭配鉚釘，就是很經典的樣式。

茶几和邊桌

我建議依照客廳風格和空間大小訂做茶几，包括：樣式、材質、高度，都量身訂做，很少現成品可以搭得恰到好處。工業風的茶几材質要以木頭和鐵件為主，外型選愈厚重、愈粗獷的茶几，愈能呈現工業風。玻璃、鏡面、鋼琴烤漆材質等高反光物件都不適合。

我個人建議用非制式的茶几，就算要用圓桌，也會把它做成橢圓或像吉他撥片的那種不中規中矩的形狀；要用方的，舊皮箱疊起來會更有獨特風格。打破制式的形狀，絕對能為混搭工業風加分。

邊桌樣式要搭配沙發，以仿舊皮沙發來說，邊几就要選擇有強烈風格的樣式來搭配，可以選擇木頭配鐵件、水泥配鐵件的邊几，甚至像國外設計一樣，一疊雜誌用皮帶綁起來，就是一個非常有風格的邊桌了。

燈具

工業風適合暖白色的燈光，符合放鬆隨性的氛圍，不會用白燈。如果堅持要用白燈，要有心理準備，所期待的風格將大打折扣。工業風較常用的是吊燈、聚光燈、桌燈、立燈，可以挑選屬於單品式、燈泡外露的樣式，可看得到鎢絲的燈泡，既可照明，又像裝飾。

由於經典工業風通常不封天花板，不會使用間接燈光，因此主要燈源來自軌道燈或聚光燈，需要重點照明用來閱讀的地方，則擺立燈或桌燈加強，立燈和桌燈的優點是增加空間光源層次感，挑選原則以簡單的金屬鐵件構成為主，不必選擇精雕細琢的樣式。至於需要氣氛的餐桌，則可用富設計感、燈泡裸露的吊燈，也可以界定開放式餐廳的區域。基本上，只要遵守上述原則，工業風的包容力很大。

混搭工業風本來就是很隨性的風格，屬於屋主自己定義，因此很適合多擺設一些金屬小配件。例如花瓶，可搭配鋁製或銅製花瓶，更有個性。

CHAPTER | 04

餐廳

餐廳**不只是用餐**的場域，
也是家人們**交心的地方**。
只要**布置得好**，
這裡將會**是整個家最實用的地方**

A Square Ltd

家中最實用的空間 The most useful space of the home 餐廳的物件擺設

餐桌椅組周遭的走道要留出1公尺以上的寬度。
若要餐廳變為多用途空間，180x90公分的大餐桌最實用。

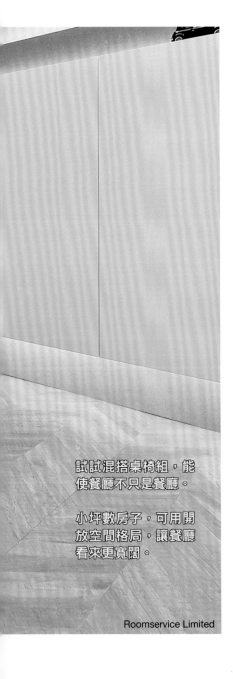

試試混搭桌椅組，能使餐廳不只是餐廳。

小坪數房子，可用開放空間格局，讓餐廳看來更寬闊。

餐桌的型式、顏色，盡量與牆色有連結

居住面積小的人通常都會想盡辦法善用家中的每一寸空間。而這個時候餐廳就是個關鍵空間，若是好好地規劃布置，這裡將是整個家最實用的空間；孩子可以在這裡看書、做功課，大人能在這裡整理信件和帳單……等。

在空間上的布置，牆色依然是優先定調的項目；選擇自己最愛、看來溫暖舒服、百搭都好看的顏色，是挑選餐廳牆色的基本條件。

至於家具，空間的搭配原則有個重點，就是：當空間裡有很多元素時，你需要一個主題來集中視覺焦點。餐廳的主角就是餐桌，先從餐桌開始挑選，接著是餐椅，然後是光源，最後才是裝飾小物。

用開放格局時，餐桌面積可以超過空間的1/3

餐桌的尺寸、造型，主要取決於使用者的需求和喜好。餐桌應該佔餐廳面積多少個百分比要取決於整個餐廳面積的大小。「餐桌大小不要超過整個餐廳的1/3」，是常聽到的餐廳布置原則，但在台灣並不完全適用，而且這個原則更可以用布置手法，或開放空間的格局來打破。

安排桌椅時，餐桌周圍要留出100公分的寬度

選配餐桌時，必須注意一個重要的原則：因為得加上椅子、餐具櫃，以及用餐者行動的空間；請在桌椅組的周遭留出超過100公分的寬度，以免當人坐下來，椅子後方無法讓人通過，影響到出入或上菜的動線。

若想讓餐廳更加多功能，可利用餐桌椅的混搭讓餐廳不只是制式化的餐廳。如果空間許可，桌面可以選大一點，180X90公分的餐桌最實用，桌面夠大，適合當成筆電工作桌，甚至也是孩子的遊戲桌與功課桌，凝聚全家好感情。

懷特室內設計

* 複合式餐廳變化度高

朱英凱設計師的建議：受西方文化的影響，餐廳已經不再是單純「用餐」的場域，可以視空間大小與個人的使用需求，規劃成複合功能的空間。

* 讓餐廳變成多功能空間

林志隆設計師的建議：餐廳應該是一個家凝聚力最高的地方，因為只有在這個空間，全家人才有機會聚在一起，所以可以用布置設計的手法，讓不同機能在這個空間中重疊。

朱英凱室內設計

＊ 開放空間的餐廳布置，焦點集中在餐桌椅上

郭璇如設計師的建議：小住家可以將客、餐廳及廚房整合為一個開放式的寬敞空間，再用小櫥櫃、裝飾擺設來區隔，此時，放置在開放式餐廳的桌椅，就會成為這區的視覺焦點。

郭璇如室內設計

餐桌&餐椅 混搭的桌椅組才是上選

Mixing tables and chairs set is the best choice

以一家四口來說，餐桌至少要選四人座餐桌，如果考慮將餐桌當成工作桌或功課桌，選擇六人座餐桌就能擴大實用範圍。

PplusP Designers Ltd.

餐桌

先考慮空間、機能，再著手選購

選餐桌時要視空間大小，以及幾人使用、是否還有其他機能，再決定適當的尺寸，最後才是挑選樣式和材質。至於樣式和材質，一般人多會選木桌，但建議可以試試不同的材質，尤其是當你設定餐廳為多用途時。

檢查桌子的穩定度：注意桌腳長短、「桌裙板」寬度

選購餐桌時，請抓著桌面動動看，桌子會不會搖晃或傾斜？接著，往桌子的某一角用力壓下去，看看會不會翻桌。桌腳也是必須注意的細節，因為設計不好的餐桌，桌腳的部位容易使用餐者「卡腳」；還有「桌裙板」，也就是連接在桌面下方的木板，如果餐椅高度太高，就會直接壓迫到你的大腿。

依照自己生活習慣，挑選餐桌材質

挑選餐桌材質時，除了品味之外，也要顧及實用性。例如：木桌雖然優雅，但很容易刮傷，需要使用隔熱墊，免得被高熱的餐具燙出痕跡。

木桌：

給人一種自然溫暖的感受。挑一張做工好、榫釘完整的桌子；但若是上過清漆的木料，則要注意表面有無瑕疵或氣泡。注意：如果地板材質已是木頭的話，整個空間就都是木頭色，木質家具就會看來很無趣。

玻璃桌：

需注意是否為強化玻璃，厚度最好是2公分以上。

大理石桌：

容易刮傷，需要定期保養，購買時請挑選精心打磨、厚實的桌面。

亮漆桌：

只能算是一種統稱，指的是塗上堅硬、彩色且高亮光塗料的木製品。而美耐板是一種將塑膠或聚氨脂貼皮，貼在木頭或密集板上的材質，有多種顏色可以挑選。

郭璇如室內設計

Tips 布置小訣竅

深色原木的桌椅組若超過一定尺寸，就很容易顯得沉重。但深色木桌椅仍有沉穩、素樸、容易搭配等優點。我們若想避開木桌的缺點，可以這麼做：

1. 以桌巾遮住整個桌面，可以掩蓋住桌面的厚度。
2. 用小巧而多彩的餐具、花瓶來調整視覺。
3. 如果想展露木紋之美，小餐墊或裝飾用的桌旗是個好方法。

Joyinteriors

城市設計

餐廳主副照明比例是1：3

朱英凱設計師的建議：餐廳的間接光源，一般為天花板的暗藏燈照明，最好能與主燈的亮度比例為1：3，才能靠主燈的照射讓空間區域感更強，其次才能依序安排燈光的層次和光影。

方形桌比圓桌更實用

郭璇如設計師的建議：方形桌子在使用上較具彈性；有聚會時可視狀況併桌，若選用一般尺寸的圓桌，坐了三、四個人時，桌面就很容易不夠用。

郭璇如室內設計

Dining Tables

餐桌常見的款式

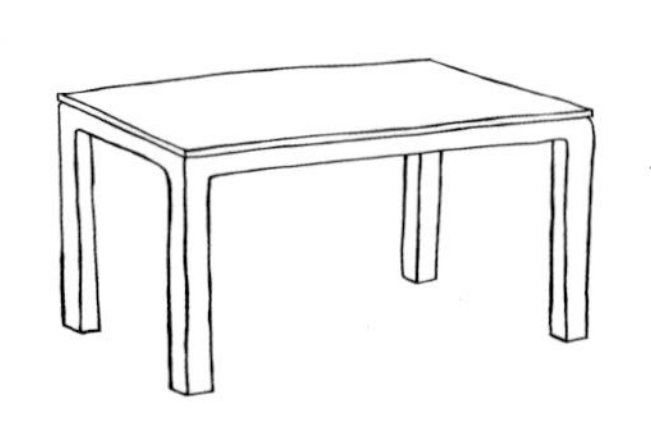

方桌

是最符合多數空間的形狀，可以提供最大的使用面積，所以在國外家庭的餐廳中常常見到。若是選擇掀板或隱藏式插板的款式，可以讓桌面面積增加至原本的兩倍甚至更多。

☑基本款　☐流行款

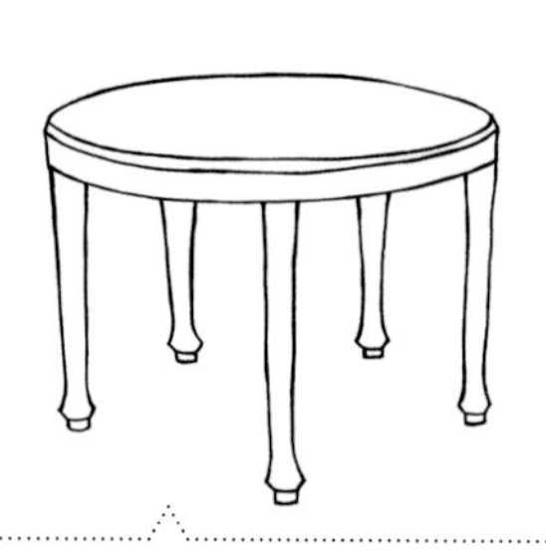

圓桌

是台灣傳統最常見的款式，方便用餐者互相對話，人多時可以輕鬆挪出位置，而且能夠打破空間的方正。有些圓桌會有隱藏掀板，可以讓桌面會變成橢圓形，增加面積。

☑基本款　☐流行款

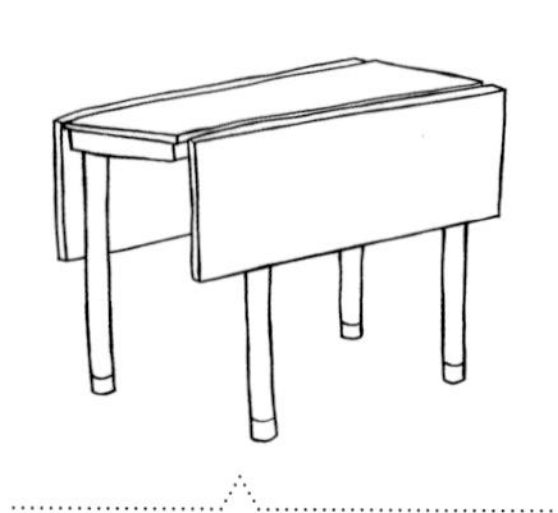

折板桌

這種款式適合小空間，能夠將兩側的桌面折下，變成細瘦的桌子；缺點是桌腳間的距離較近，容易卡到腳。

☑基本款　☐流行款

傳統四柱圓桌

為傳統中式餐桌款式。早期農業社會，一個家庭的人口眾多，這種木製大圓桌，正可以讓全家一起圍坐用餐，有團圓之意。由於現代社會小家庭居多，因此在一般家庭中已少見，但仍是坊間中式餐廳的經典餐桌款式。

☑基本款　☐流行款

傳統鄉村風餐桌

是傳統鄉村風的經典款餐桌，其特色是用厚重的深色木材製做而成。只要在空間中擺上此款桌型，立即就有鄉村風的氛圍，但也因其為較厚重的木材製做，所以搬動不易。鋪不鋪桌布皆好看，很適合優雅的餐廳布置。

☑基本款　☐流行款

工業風鋼桌

從單柱圓桌發展出來的設計款，是因應現代風、復古工業風而誕生的。雖然桌體看來冷硬，但很百搭，就算是溫暖的鄉村風餐廳用上此款餐桌，依然呈現活潑的混搭鄉村氣氛。

☐基本款　☑流行款

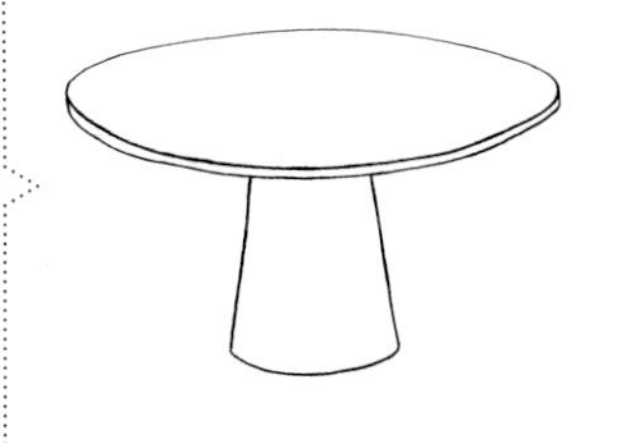

玻璃造型桌

透明玻璃桌面是這類型桌款的特點，而桌柱材質、造型很多元。此款造型餐桌多見於現代風的餐廳布置中，但可依桌體的造型和材質，融入其他風格的室內布置中。

☐基本款　☑流行款

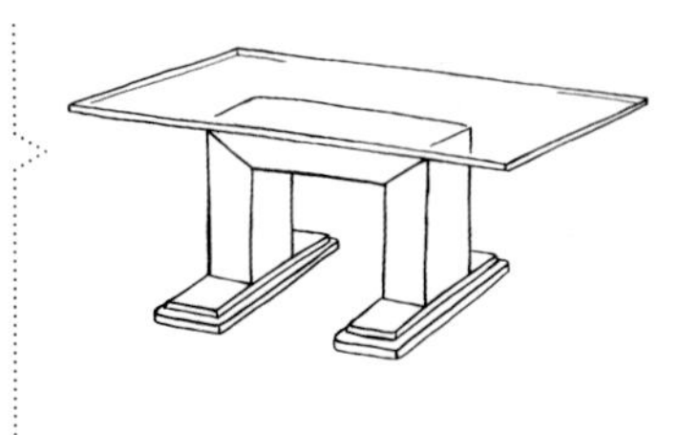

單柱腳桌

桌底只有一根柱子支撐，相對提供很大的放腳空間；而這種款式的桌面常見的是圓形，但也其他不同形狀，甚至可以掀板加大面積。

☑基本款　☐流行款

座位之間至少間隔
5公分以上
桌面要高於椅面
30公分左右，
坐起來才舒適。
餐椅的高度大約在
35~38公分之間。

椅子後方要預留至少10
公分的挪動空間。
Noon Interior Design Ltd.

餐椅

「先選桌子，再挑椅子」絕對是重點

混搭餐桌椅時，要注意風格差異

選購餐椅時一定謹慎思考，不要光憑外觀就輕易購買。許多時候大家都會建議用成套的餐桌椅組，雖然這是個非常方便的方法，但並不一定是最適合你家的選擇。

在挑選餐桌椅，要注意桌椅的相同屬性，最好有相同的形式，如果搭配得宜就可以有畫龍點睛的效果，因此要注意形式與風格的相符性，例如：古典風格便不太適合不銹鋼類的五金。

餐椅的最佳高度是35至38公分

餐椅應該要讓用餐者坐得舒服、好移動，一般餐椅的高度約在38公分左右，坐下來時要注意腳是否能平放在地上，椅面的前端比後面略寬是較舒服的，此時，肩、背與手臂能舒適放在桌面上最恰當。

餐桌的高度最好高於椅子30 公分，使用者才不會有太大的壓迫，例如：桌子高度是75公分時，合適的椅子高度就是45公分。另外，每個座位也要預留5公分的手肘活動空間。

白色的現代造型椅＋仿古木頭長方桌＋仿古木長椅。整個餐廳設計是現代風，但依8：2的原則，桌椅組的混搭不會改變空間的主題。

*

單椅加些裝飾可以成為布置

郭璇如設計師的建議：我們也可幫單椅配上布質椅墊，除了增加坐下的舒適感，強化它與周遭環境的呼應，也能調整這整張椅子的風格，使整體空間更為活潑或增添優雅感。

郭璇如室內設計

Tips 布置小訣竅

不會出錯的餐桌椅混搭組：

- 壓模膠合板椅＋仿古的木頭四方桌。
- 白椅框的古斯塔夫椅＋現代風的亮漆桌面的單柱桌。
- 路易國王椅＋方正的超摩登桌。
- 精緻曲木椅＋現代風的單柱桌。
- 現代風的伯托亞椅＋大理石圓桌。

圓背沙發椅＋現代風的單柱圓桌：呈現的是優雅的混搭現代風。

Fancy Design

*

餐椅靠背不宜過高

朱英凱設計師的建議：餐椅有無靠背，以及靠背的高度，會影響空間視覺的寬敞感。靠背太高，會阻擋視線的穿透，間接壓迫整個空間感；但靠背過低則不合人體工學，不利身體的健康。

*

擺脫桌椅組試試混搭

林志隆設計師的建議：餐廳的餐桌和椅子非常適合混搭，每一個家具都盡量不要重複，甚至不同材質、不同顏色、椅背高低都不要統一，能跳脫制式的餐廳空間。

懷特室內設計

Dining Chair

餐椅常見的款式

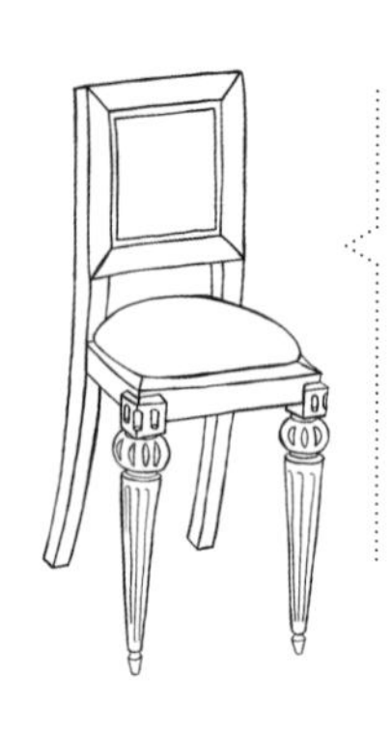

古斯塔夫椅

來自瑞典的新古典主義風格。特徵是四方的椅身、曲線椅腳、雕花裝飾，整體外觀看起來很柔美。

☑基本款 □流行款

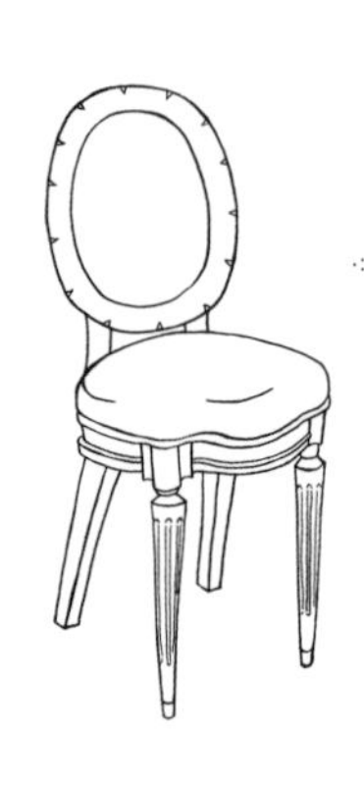

路易國王椅

特徵是高椅背。同類型的「路易十五椅」則比較輕、略帶洛可可風；「路易十六椅」則有雕花椅背、錐形椅腳及小型裝飾；部分的造型會有「曲線扶手」，體積會比較大，常被當做「主人椅」使用。

☑基本款 □流行款

奇本德爾中式椅

椅背上有著交錯雕花的縷空設計，常見到的款式是塗上鮮明顏色的漆料，非常搶眼。

□基本款 ☑流行款

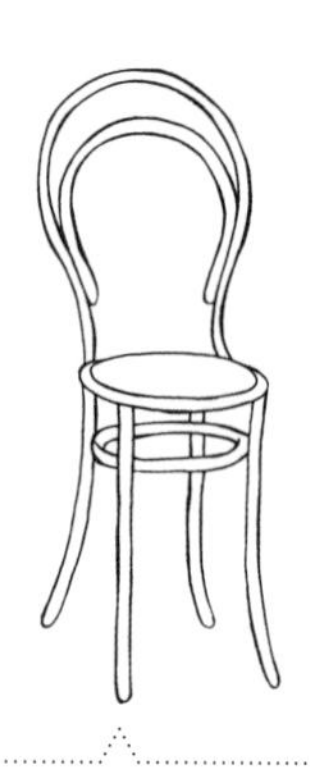

曲木椅

也被稱為「維也納椅」，是十九世紀歐美社會常用的經典椅款，至今仍大受喜愛，因此有「椅中之椅」的美譽，其特徵是簡單優雅，常被用做咖啡廳的單椅。

☑基本款 □流行款

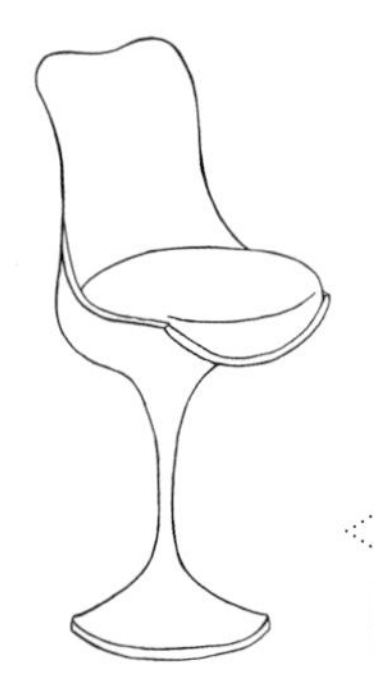

鬱金香椅

特徵是塑膠壓模材質，外觀絕大多數是白色搭配色彩鮮明的坐墊。

□基本款 ☑流行款

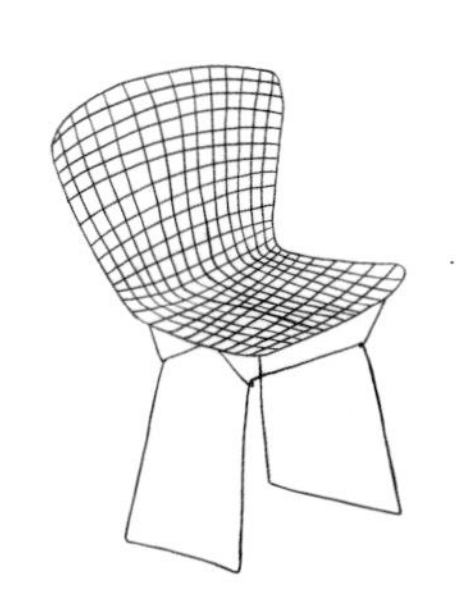

伯托亞椅

這種金屬網椅，椅身為L型或鑽石形狀，搭配坐墊，金屬網多以鍍鉻或塗粉處理。

☐基本款 ☑流行款

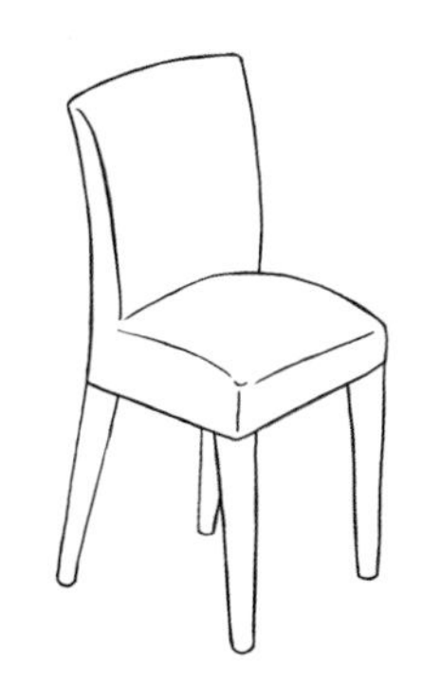

當代椅

現代型的款式眾多，共通特徵是中性外觀、俐落的椅面繃布，以及L型的形體。

☑基本款 ☐流行款

超摩登椅

材質包括：壓模膠合板、壓克力、聚摻合物或金屬等。特徵是外形時髦、方便堆疊且耐用。

☐基本款 ☑流行款

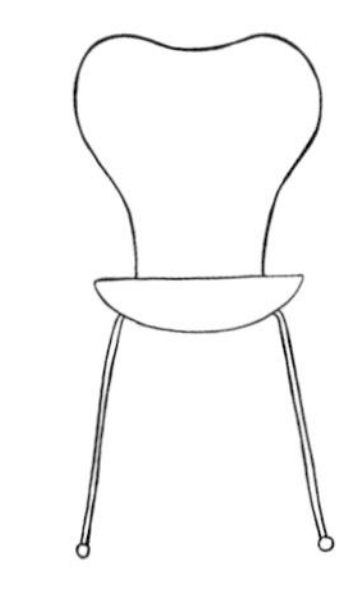

長板凳

本身很隨性，適用於任何面積的餐廳，尤其宴客時，人數超過原有的餐椅數量，便可以利用板凳多坐幾個人，不使用時，可以直接塞在餐桌下方，很好用。

☑基本款 ☐流行款

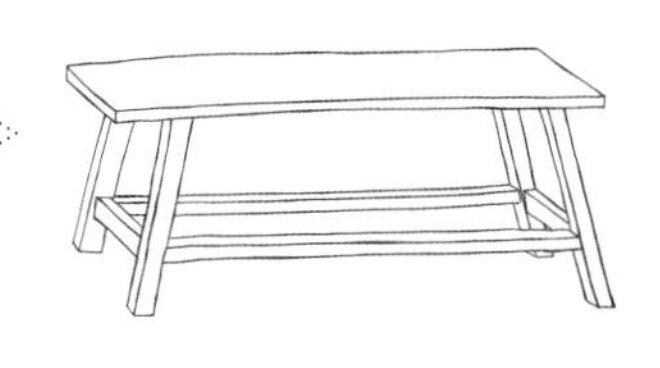

摺疊椅

大部分都能摺成板狀所以方便收納，摺疊椅通常椅面較小，選購時可以找看看有沒有椅面比較大的款式。

☑基本款 ☐流行款

燈光是餐廳的靈魂 Light is the soul
餐廳燈具 of the dining room

四周可加裝嵌燈增加照明。
餐廳主燈源通常用吊燈。
安在餐桌中央正上方。
燈光的色溫最好是溫暖黃光。
離桌面大約75公分
高是最佳比例。
蠟燭可提供必要
的浪漫氣氛。

郭璇如室內設計

吊燈最適合餐廳

暖和的黃光能讓食物更美味

餐桌椅組出餐廳風格的雛形，而餐廳的照明設備則是增添整個空間的光彩；餐桌照明講求的是氣氛，好的燈具就是要營造好氣氛。一般來說，餐廳的燈具布置大多採用吊燈，因為光源由上從下打、集中在餐桌上，會讓用餐者將焦點放在桌上的食物，但燈光最好使用黃光，這樣才會讓食物看來更美味。

餐廳燈具的樣式可以有很多種，從奢華的水晶吊燈到簡約的鋁製燈具都有，甚至是古典風格的蠟燭枱。

若是你想將餐廳營造出華麗的氛圍，不妨先挑一對精緻的壁燈或燦爛奪目的天花板燈具，再搭配蠟燭來增添光彩。若是要簡單一點的餐廳照明，則可選用現代感較重的落地燈，或隱藏式的嵌燈，甚至是軌道燈。

燈具的懸掛位置

注意空間比例，吊燈高度不低於160cm

在選擇餐廳吊燈時，要注意燈體距離地板的高度，最好是160公分，這樣的空間比例是最好的，然後再視家庭成員身高微調高度。而安裝吊燈時，吊燈一定要對準餐桌的中心位置；如果是安裝壁燈，餐桌擺放的位置就不會受到任何限制；而選用落地燈時，擺放位置就要隨著照明度和實際用途做調整。

用壁燈來增強空間風情

郭璇如設計師的建議：餐廳除了吊燈外，通常還會在牆面裝設壁燈。壁燈的好處是不點亮時，燈罩的色彩與造型就很具裝飾性；當它點亮時，則能打亮牆面，能放大空間，增加氣氛。

餐廳燈具一定要和桌椅組做搭配

林志隆設計師的建議：燈具和餐桌要考慮一些協調性，風格不要跳太遠，用了仿舊木桌來呈現工業風，就不要選華麗水晶燈來搭配。

郭璇如室內設計

懷特室內設計

屋主的習慣決定餐桌形式

朱英凱設計師的建議：「餐桌大小」沒有一定的標準，應該以用餐區的面積、是否足以滿足家庭成員的需求、居家空間的大小、家庭人口及使用者的用餐習慣等條件為主。

吊燈距離地板約160公分，是最好的空間比例；而且餐廳照明也可比照客廳玩多重光源的遊戲。

Boris Design Studio

Dining Lighting

餐燈常見的款式

壁燈

固定在牆上的燈具不只能提供亮度，也不會太引人注目。它們最適用在沒有任何窗戶的牆面上，而且兩個一組最為好看。另外，有搭配鏡面的壁燈還能增強燈光的照明效果。

☑基本款　☐流行款

水晶燈

建議你要不就選一盞燦爛奪目的水晶款，要不就挑個新潮的時尚款式，這兩種保證都能營造出絕佳氣氛。要是能再搭配上透明燈泡的話，光線的折射度會更棒。水晶吊燈的底部則要離桌面大約 75 公分高。

☑基本款　☐流行款

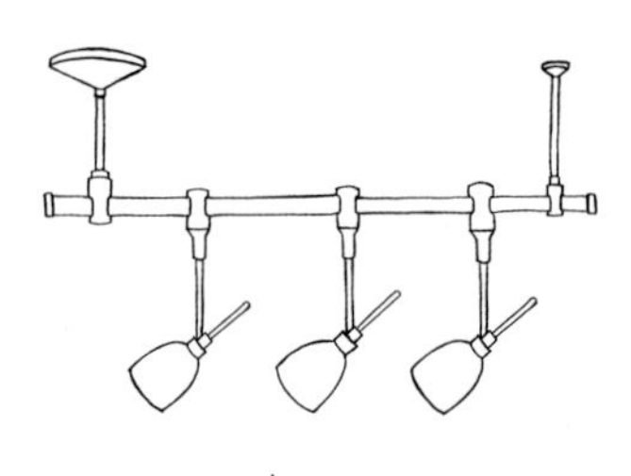

軌道燈

通常是用來凸顯空間中的重點，例如牆上的畫作、展示的收藏品等，透過軌道燈的接頭與軌道，有讓光源集中的聚光效果。

☐基本款　☑流行款

蠟燭

燭光既簡單又優雅。如果要更亮、更美的照明，只要擺出十幾個或更多歐式蠟燭或燭台，就能為微暗的壁燈或水晶燈增添亮度。

☐基本款　☑流行款

造型吊燈

吊燈是餐廳最常見的燈具，因此餐廳吊燈設計款就很多元。有些是現代的流行造型，有些是復古的古典款；選擇造型時，可依餐廳風格為標準，若是古典風及鄉村風，就可選擇華麗水晶燈或仿古的蠟燭枱吊燈。

☑基本款　☐流行款

長排式吊燈

一般的吊燈都是單一垂吊式的，坊間也有多燈體排列式的長排式吊燈。此類型吊燈多是現代風，燈體、燈罩多變化，適合各類型的空間。

☐基本款　☑流行款

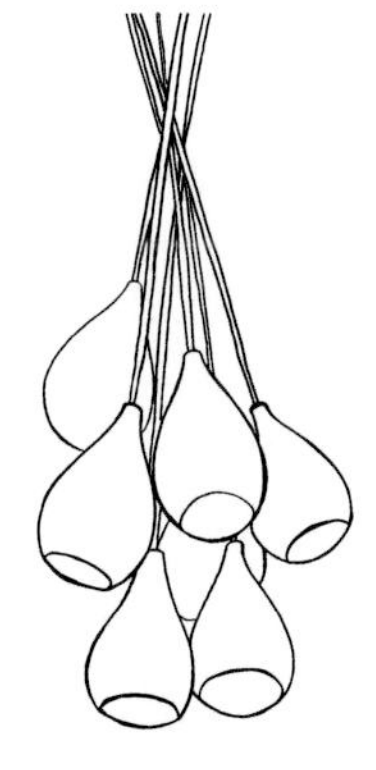

長排式造型燈

長排式的設計款，同為長排垂吊款，但刻意設計成纏繞的累卵形式，很有趣味。

☐基本款　☑流行款

讓用餐空間 Let dining room
餐具收納櫃 more comfortable 更舒適

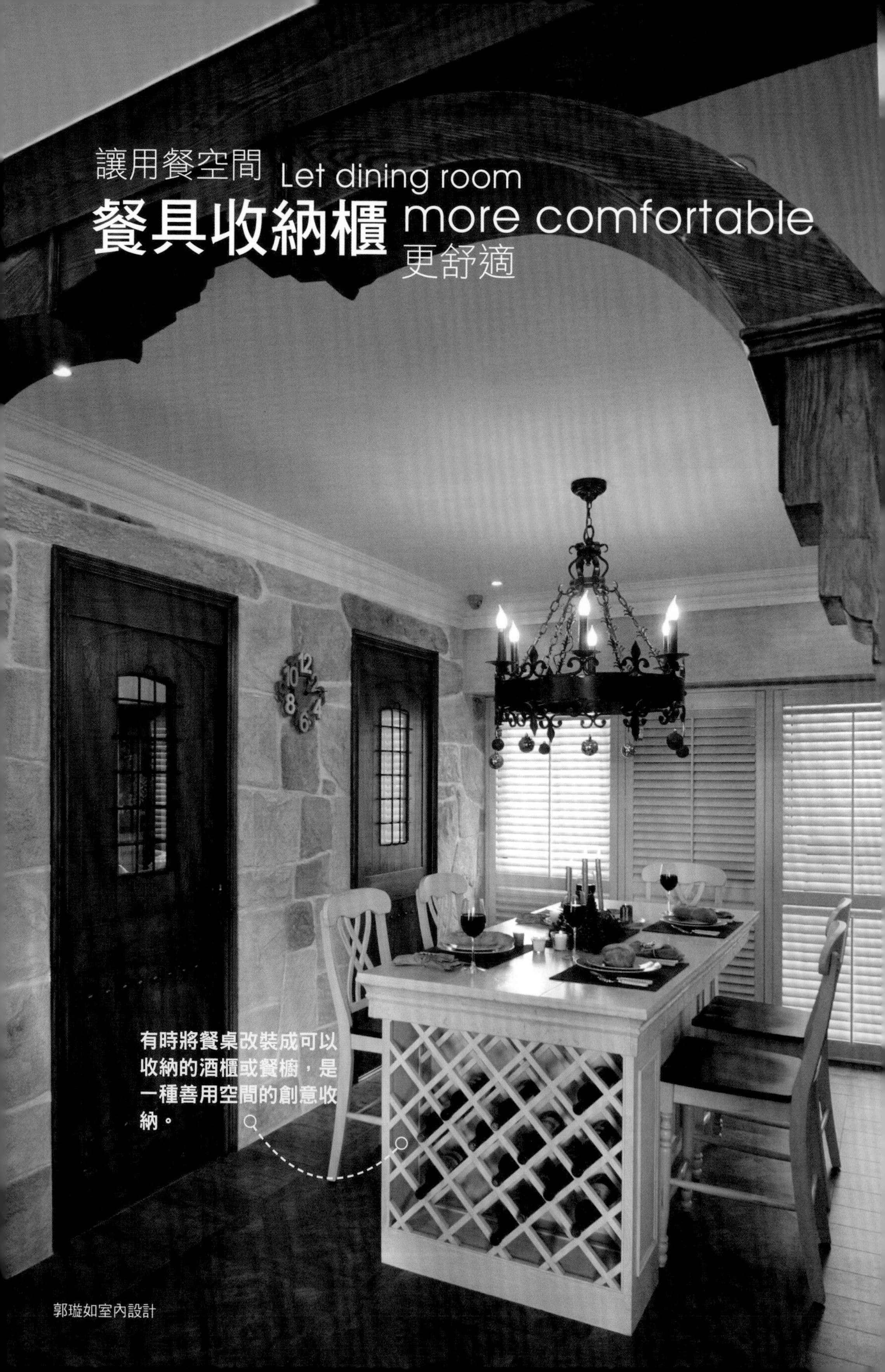

有時將餐桌改裝成可以收納的酒櫃或餐櫥，是一種善用空間的創意收納。

郭璇如室內設計

餐廳收納

餐櫥器具收納要考慮實用和空間，讓收納變成餐廳的布置

當我們提到「餐廳的櫥櫃」時，很多人往往聯想到的，就是「單純用來收納餐具的櫥櫃」，看起來毫無美感，而且好像除了「收納餐具」再沒其他功能。其實櫥櫃只要經過巧妙的設計妝點，一樣可以成為居家空間裡令人驚豔的配角。

例如：常令媽媽們苦惱，不知該如何擺放的電鍋、烤箱、果汁機、食譜等廚房家電，只要預留適當的高度，設計成「抽板」的樣式，就可以與櫥櫃完美結合，還能節省空間；或者如果你是有收藏習慣的人，不論是公仔、藝品、美酒等，經過適當的規劃，都可以與廚櫃融為一體。

壁櫃、櫥櫃

以空間的大小決定高櫃還是矮櫃

在布置餐廳時，一定要在餐廳中或附近騰出空間來放收納櫃，因為你需要收納餐盤、湯碗、水杯……等餐具，或一年才用一次的節慶物件，而它們最好跟常用的廚具用品分開放置。

餐廳常因為餐桌椅佔用太多面積，而擠掉應有的收納空間。如果空間夠大，找找收納空間、體積不會太大的櫥櫃，來收納各種餐具，同時讓這件家具的造型來為空間加分。空間不夠時，也可以挪一面牆來做收納牆櫃，這樣就不必擔心太過顯眼。

看不見的收納

桌下的空間也是種收納

先決定好你要放什麼進去，像是：瓷器餐具、刀叉、擺設配件……等等。然後，再挑符合需求的櫥櫃樣式。挑選時，把櫥櫃的規格記下來，包括：有幾層架子、高度和深度，別讓你選擇的櫃子佔掉太大的空間。此外，在餐桌上鋪一塊大桌巾，讓桌巾垂到地面，便可以利用桌下的空間收納，也是個節省空間的好方法。

擁有玻璃櫃門的櫥櫃可算是一種半開放式的餐具展示場。

Ross Urwin

餐櫃最安全的選擇是配合空間風格

郭璇如設計師的建議：選配餐櫃時，一定要考慮這件家具跟整個空間的搭配性。無論在用色、材質或造型，都應吻合這個餐廳的空間調性。

郭璇如室內設計

簡約的高腳四柱收
納櫃其功能不但是
收納，還能當做花
草小盆栽、藝術擺
飾的展示台。
hoo
8～16公分是
大掛畫與櫃體
的最佳距離
A Square Ltd.

Dining Storage

餐櫥櫃常見的款式

邊櫃

通常矮而長，又稱為餐具櫃。櫃內的層板外皆有門板包覆，桌面寬敞可供放置花瓶、蠟燭等等，也能直接擺上餐點備餐。

☐基本款 ☑流行款

碗櫃或櫥櫃

這種收納櫃在外觀上會有門片或玻璃門片包覆住整座櫃子，主要在於強調它直立式的主體，而且在收納的同時還能阻擋灰塵。你可以將刀叉餐具或銀器放在鋪了毛氈布或拭銀布的抽屜裡，這兩種布都是按長度售出，可依照抽屜大小自行裁剪。

☑基本款 ☐流行款

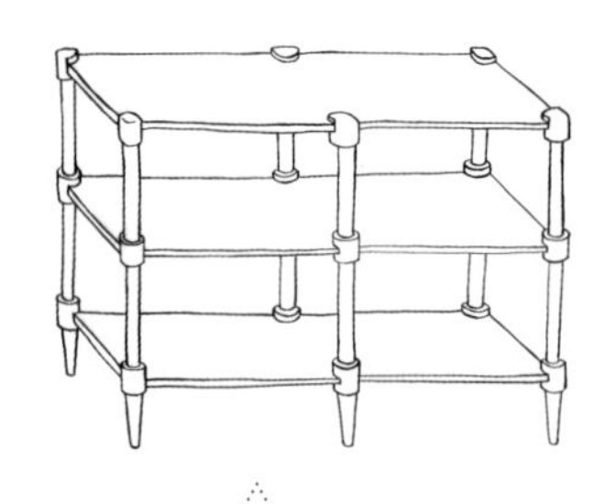

書櫃或置物架

如果想要取代傳統的收納櫃的話，可以試試淺櫃或書櫃，普通價位的櫃子深度大約是 30 至 40 公分。放在架上的箱子可以裝些小東西，至於成疊的盤子、漂亮的擺設配件和書本就能夠直接放在外面。

☑基本款 ☐流行款

古典餐櫃

傳統的西式經典餐櫃，在古典風、鄉村風的空間中相當常見；最大的特色是古典風的木製雕飾和玻璃櫃門，可以當做展示櫃，向訪客展示屋主精心收藏的餐具，以及其他收藏品，所以不一定非擺於餐廳中。

☑基本款　□流行款

玻璃餐櫃

是古典餐櫃的現代款，保留了古典餐櫃的玻璃櫃門，但櫃體則是現代簡約線條，適合現代風、工業風的餐廳布置。

□基本款　☑流行款

中藥式收納櫃

是歐洲設計師自傳統中醫藥櫃得來靈感的設計款，其特點就在於可多格收納，很適合收納小型、多樣的餐具及廚房小物。此外，也不一定要每格抽屜都擺滿器物，有時故意拉出幾格，擺入小盆栽、收藏品，也是一種餐廳布置的巧思。

□基本款　☑流行款

透明玻璃櫃

特色是櫃體幾乎都是玻璃製成，能完整呈現櫃架上擺放的物件。此款收納櫃為現代風的流行設計櫃。

□基本款　☑流行款

餐廳布置的最後一片拼圖
Arrange of the dining room
餐廳的裝飾品
在餐櫃或平台上擺放小飾品要注意，別放得太整齊，會過於呆板；不妨試著用谷狀排列或山狀排列，讓擺飾活潑。
hoo

掛畫

與家具、擺飾間的黃金距離是8至16公分

圖畫能統合空間，還能在空曠處增添趣味和戲劇效果。

掛畫主題或用色要和空間相呼應

用餐賓客的活動範圍是被限制的，所以不妨在餐桌周圍掛一幅你喜歡的作品，一來不僅能提供話題，二來也能增添用餐氣氛。把十幾張小照片弄成一個大主題，找一幅佔滿整面牆的畫來吸引賓客的目光也可以，或是在空蕩蕩的餐桌上添些吸引人的擺飾。

掛畫有很多訣竅。首先，畫作的用色應與牆色有關。此外，畫作裡的主題、風格、生活型態，也應呼應整個空間，尤其是離掛畫最近的那件家具。

用隨性的排列法打破制式格局

讓空間來告訴你它適合怎樣的排列。如果家具擺得很方正，可以利用特別的排列組合，中和嚴肅的感覺：要是你的家具已經大膽使用各種顏色和形狀，不妨試試規律的格狀排列。

一般人最常犯的錯誤是：畫掛得太高、間隔太開。只要掛畫的位置得當，就能引導人們的目光上下移動，甚至環繞整個空間。掛畫要注意人坐著時的視野範圍，做適當的調整，如果掛的是單一大畫時，畫框與家具的最佳距離約8到16公分。

Pplus Designers Ltd.

＊ 餐廳壁飾不侷限於圖畫

林志隆設計師的建議：壁飾不侷限一定要是什麼樣的裝飾才適合，像常用的掛畫、全家合照，乃至於鹿角裝飾，都能快速為單調的牆增添趣味變化。

郭璇如室內設計

＊ 在牆上掛飾品時，請注意異中求同

郭璇如設計師的建議：若要在同一道牆掛上多件單品，最好能掌握住「異中求同」的準則，以免不同單品互相較勁而讓空間失去焦點。

Tips 布置小訣竅

掛畫的排列方式

- **自由排列：**想在同一牆集中展示不同主題的圖片，可以先把要掛的圖畫放在地上試排，調整到最好的組合後，再把排列組合移到牆上。此外，最大的畫先掛上牆的中間，再在周圍掛較小的圖，注意每幅的顏色都要平衡。
- **方格排列：**是一種在空間中看起來很突出的圖像排列方法，依作品的大小排成方形。記住要先決定好每幅畫的間距，再依序照訂好的距離排列。
- **層次排列：**一種很隨興的排列法，而且方便替換。在牆面固定一個或多個層架，放上裱框圖片並且稍微前後重疊，呈現出不拘的風格；也可以利用類似的技巧排列在邊櫃或壁爐上。

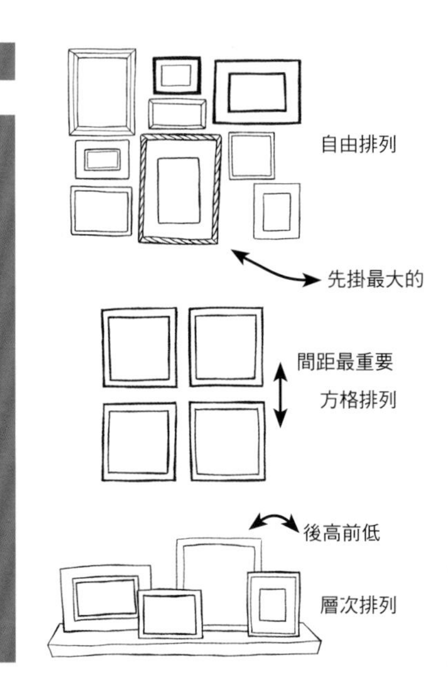

將小而有趣的掛畫集中排列出幾何狀，是常見的牆畫排列方式，但要注意與距離最近的家具的關聯性，例如主題或顏色需要相近或對比。

郭璇如室內設計

在靠牆的矮餐櫃上，擺上些許裝飾品和小立照，配上牆面掛的幾幅老相片，就成了一個非常棒的餐廳布置。

Laura Ashley

小擺飾

不能過高、自然耐看，不佔空間

偶爾在餐桌上，擺上幾項餐廳專用的擺飾，有些有保存期限，例如：水果和鮮花，其他則擺上整季都沒問題的物品，自然又耐看，也不會佔太多桌面，會讓空間更生動活潑。但請小心：桌花不宜過高，免得傾倒或遮住視線，建議較矮的盆花會比瓶花更合適。以下還有幾項常用的餐桌裝款：

1. 水果碗，裡面只放一種水果，像是只放橘子或只放蘋果等等。

2. 放上奇數數量的相似顏色的花瓶，但形狀風格可各異其趣。

3. 插滿同一種花的花瓶，但數量至少要比你原先預設的多三倍以上。

4. 插滿綠葉的盆器，從當地超市買來或從自家院子採來的都行。

用餐桌擺飾來表現季節

郭璇如設計師的建議：我們可藉由花卉、燭台、造型碗盤的色彩來呼應季節或宴會主題。比如，同一盆花裡面有多種花色，繽紛色彩能讓人感覺很豐富；或是在寒冬時，選擇暖色調的餐墊、餐盤來營造溫馨。

郭璇如室內設計

不一定要用水果碗來擺放做布置，只要在餐桌上放幾顆和空間色調相搭的水果，也能為餐廳增色。

Grande Development Limited

掛畫在餐廳是的選擇很多樣，可視整個空間風格挑圖，若無把握，就以自然景物為主題；抽象畫、現代畫不好駕馭，盡量別掛在餐廳中。

Roomservice Limited

餐桌上不一定就要放與飲食相關的元素布置，有時放小盆栽、小布偶也是不錯的選擇。

懷特室內設計

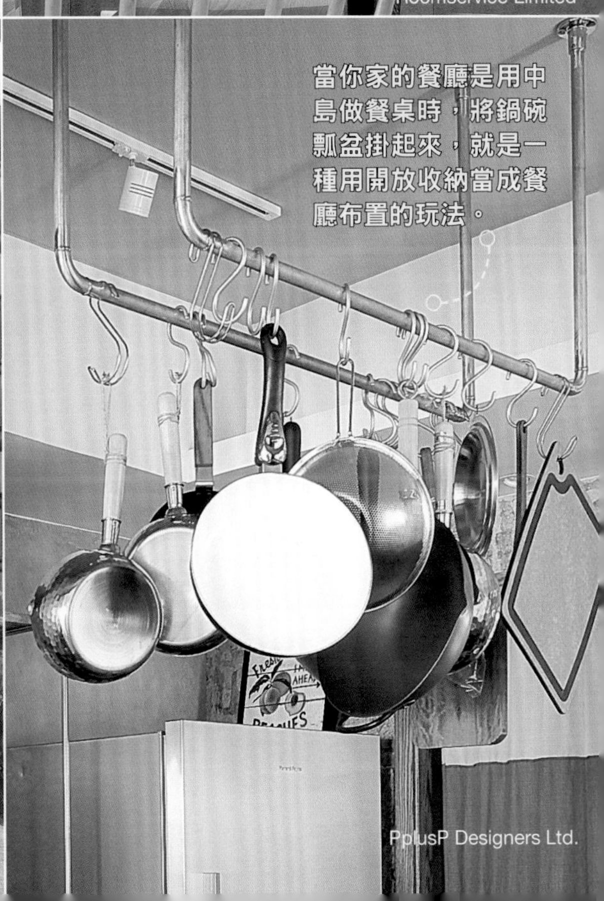

當你家的餐廳是用中島做餐桌時，將鍋碗瓢盆掛起來，就是一種用開放收納當成餐廳布置的玩法。

PplusP Designers Ltd.

風格布置

餐廳

筆記

・顧問／橙橙設計

古典風

古典餐桌源自於歐洲宮廷，一般多見長桌，以繁複雕刻的手法加以裝飾。

餐桌的布置

古典長形餐桌材質普遍為實木製作，桌面大多使用不同木質拼貼呈現出各式風雅造型。

尖塔紋或絞纏紋常用於桌腳雕花，與地面銜接處加入獸足元素（豹爪、虎爪或鷹爪……等），可凸顯出霸氣及獨特性，考究者亦可加入金箔等元素增添餐桌之華麗感。

其次為大理石材桌面，面材的製作方式多以各式石材，加以水刀製成不同古典藝術圖騰，效果不亞於一般木質雕刻，但造價昂貴，多以義大利進口為主，因而較少採用。

餐椅的布置

餐椅與餐桌的搭配是相輔相成，搭配方式以採餐桌及餐椅同系列作為搭配的首選，亦可採用同系列不同款式的搭配，以達到古典設計中所欠缺的活潑多元設計感，唯椅背的高度是值得深入瞭解，一般以高背為主流，在舒適之外，較符合氣派貴族風雅，若礙於空間與屋高的限制，中高度椅背也不失古典秀麗的端莊感。

常見的餐椅是木質背板搭配布質椅墊，然而希望增加舒適與精緻的人，椅背可以採用木框中包布方式，柔軟中更添典雅風情。

郭璇如室內設計

風格布置

餐廳

筆記

・顧問／郭璇如設計師

鄉村風

在台灣，採用混搭手法的鄉村風餐廳較為實用。

餐廳布置

鄉村風居家的餐桌不以造型為取決標準，而是優先考慮機能。不過，桌子請務必選用天然的木頭、黑鐵等素材，以吻合鄉村風追求質樸、自然、溫馨的基調。所以，桌子帶有塑膠等人造材質，或是玻璃、大理石等冷調性材質者，都不適合出現在鄉村風的空間。

為鄉村風挑選合適的單椅

經典的鄉村風單椅有很多款式，有的粗獷、有的輕巧，無論外型帶給人的感受如何，它們都有共通點：椅身為全實木製成。幾乎所有的實木單椅都很適合鄉村風，材質可為松木、胡桃木或櫻桃木，不同種類的木頭可展現不同質感。因為，實木材質非常吻合鄉村風追求的自然與樸質。

鄉村風餐廳的照明

鄉村風餐廳的照明主角就是餐燈。為求能打亮菜色，使之看來秀色可餐，因而使用吊燈。通常，一盞吊燈的面積宜佔約整張桌面的1/3，這樣才能照亮整桌餐點。如果桌面較大，只用一盞吊燈不夠時，那麼掛個兩、三盞也無妨。適用鄉村風餐廳的吊燈，造型可為簡約的工業風，也可以是很有中古世紀城堡風的枝狀燭台，或是華貴的新古典風水晶燈。

別忘了鄉村風空間喜歡展示布置的特性。餐櫃若有一半比例為隱藏式收納櫃體或抽屜，另一半則為開放式層板，就可以秀出美麗的杯盤，讓餐櫃能成為餐廚空間的一個亮點。

・顧問／林志隆設計師

工業風

長桌較適合工業風，如果空間不夠大，可用折板桌。

懷特室內設計

餐廳布置

餐廳應該是一個家凝聚力最高的地方，因為只有在這個空間，全家人才有機會聚在一起。不如就順勢利用設計手法，使不同機能在這個空間中重疊，也利用餐桌和餐椅的混搭，每一個家具都盡量不要重複，甚至不同材質、不同顏色、椅背高低都不要統一，讓餐廳不感覺只是制式化的餐廳。

工業風的餐桌、椅布置

工業風從不將耐髒擺在重點考量，因此建議餐桌用實木，表面也不要上漆，實木愈舊愈有味道。

從材質來看，喜歡工業風或是想要混搭風，實木、水泥餐桌是百搭款，甚至在舊木板、回收門片上壓上一層玻璃，也會是很有個性的餐桌，有更濃厚的混搭工業風感覺。工業風千萬別鋪桌巾，就算要混搭也不建議，因為桌巾一鋪上去就會馬上離工業風很遙遠，失敗率非常高。保留實木或水泥餐桌的粗獷本色是最好的。

若以餐椅來說，木製、皮面、布面、鐵件等等的餐椅，都能和工業風搭配，也最好每張椅子都不同材質，展現家庭成員不同個性。例如，通常女主人較喜歡布面的溫暖感，男主人偏好有個性風的皮革面，或是有人喜歡原木直接的觸感，不同成員能各自選擇有個性的椅子，不必遷就統一樣式而放棄喜好。

餐廳的照明和燈具

燈具和餐桌要考慮一些協調性，風格不要跳太遠，例如用了仿舊木桌來呈現工業風，就不要選華麗水晶燈來搭配。可以選擇燈泡外露的吊燈，而距離地板的高度大概抓160公分，空間比例最好，再視屋主家庭成員身高微調高度。工業風常用吊燈配鎢絲燈泡，能呈現強烈風格，如果不習慣鎢絲燈較暗的亮度，可以在餐桌周圍用軌道燈加強照明。至於壁燈、水晶燈、燭光都不太適合。

餐廳的收納和擺飾

工業風的餐廳收納不需太費心，用櫥櫃收納餐具就很方便，而櫥櫃可以選擇木頭或鐵件訂製，或是老件、古董類的也很適合。甚至可以拿舊家具或普通事務櫃噴漆，再用砂紙磨，表面呈現仿舊的效果，就可以與整體空間搭配。

就小擺飾來說，在混搭工業風格中，並沒有像其他風格一樣有很多原則必須遵守。一切就是看感覺，如果覺得哪面牆看起來好像少了點什麼，那就掛畫、掛相片。掛畫不必佔滿整個牆面，適度互相間隔、留白更有空間感。偏工業風的餐廳中，我自己很喜歡掛古地圖的畫，很有歷史感。不太建議掛高反光的物件，會顯得太現代感而很突兀，例如鏡子。

風格布置

餐廳

筆記

・顧問／朱英凱設計師

現代風

餐廳裝修最好採用容易清潔的材料，造型簡潔；過於繁瑣會使人產生壓抑感。

朱英凱室內設計

餐廳布置

現代風格的餐廳布置，當以「簡約」為宜。如果不想讓空間看起來一成不變的話，可以用各式的軟件增加空間情趣，例如：餐具的搭配、盆栽或插花、水果盤、燈光的營造、吊燈的型式、牆壁的掛畫，甚至連餐墊都是可以發揮布置創意的細節。

挑選最合適的餐桌

餐桌大小應以使用者的用餐習慣等條件為主。例如一家五口的住宅，只要坪數寬敞，當然可以規劃獨立的用餐空間；反之，如果是一人獨居的十坪小套房，屋主可能習慣外食，就可以用吧台的形式充當餐桌。

在餐桌材質的選擇上，除了考慮不易藏汙、易於清理外，更應搭配室內風格、格局大小、地板材質、天花板的高度、色調調和、與廚房的對應關係等。目前市面常見的餐桌材質，大多符合消費者的使用需求，例如大理石、玻璃等，並沒有哪一種材質特別好的問題。不過，選購時必須注意，餐桌的款式、顏色、厚實或輕巧等，須和整體空間融合，以達到一致的協調美感。

挑選餐椅要留意用材和牢固性

不論在家中的哪一個角落，讓人感覺「舒適」才是最重要的設計關鍵。餐椅是給「人」使用的，設計上必須符合人體工學原理，所以選購時一定要試坐，並以感覺舒適、雙手可以自然擺放在桌面上的為佳，而且別忘了，餐椅的高度還要與餐桌的高度配合。

另外，餐桌椅的牢固性非常重要，特別是餐椅，因為使用很頻繁，選購時要特別注意椅子的用材和拼接方式。餐椅形式只要能與居家風格達成一致的協調美感、坐起來舒適即可。

餐廳照明

家中的餐廳照明，除了注重功能性，也要加強藝術性。如果一昧追求單一層次的照明，會讓空間顯得空洞，因此餐廳照明不只要有足夠的亮度，能讓我們清楚地看到食物，色調也要柔和、寧靜，並與周圍的環境、家具、餐具匹配，構成一種視覺上的整體美感。

照明配置前，必須先思考該區域最重要的功能是甚麼。餐廳燈光除了要讓空間夠亮，最好還能營造溫暖的氣氛，增加食慾，此時就要靠間接光源經營用餐的氛圍，這也是為什麼大家都喜歡採用吊燈的原因，但建議選購吊燈時，以形式簡單、易清潔為主。

CHAPTER | 05

臥室

臥室**是放鬆**休憩的**私人空間**，
著**重溫暖、舒適的設計**
布置一個
屬於自己的**親密空間**

橙橙設計

所有的布置 Everything for comfortable
臥室布置的要件 以舒適為原則

臥室牆色可以較淺，具有舒壓、沉靜的效果。

布置重點放在床單、枕頭、抱枕的搭配。

Fancy Design

＊
臥室是最可以展現個人美學空間

橙橙設計的建議：臥室著重溫暖溫度的藝術美學，在古典風格中是最易發揮，且最多理想可以完美施展的空間。

＊
臥室要盡量營造放鬆感

林志隆設計師的建議：臥室布置的重要性不該在最後一位；只是它的功能主要是睡眠，布置盡量簡單，才能放鬆。

燈光要柔和、不刺眼，有助睡眠品質。

布置儘量單純

私人空間的布置是讓自己放鬆

許多人，特別是為人父母，都把自己擺在待辦清單的最後；而且國人通常會將裝修、布置的預算優先花在客廳。

因為客廳是整個居家空間裡，使用率最高的地方，客人來訪也多半在客廳進行招待；而臥室屬於私人空間，門一關，外人也看不到了。所以在布置房子時，臥室布置的重要性通常都放在最後；臥室只是個單純拿來睡覺的空間，也就儘量簡單了。

寢具比家具更重要

預算重點應放在寢具上

但是房子的布置就要讓居住者覺得舒服，因此臥室布置的重要性，並不亞於其他空間。必須強調的是，臥室是自己享用的私人空間，大家應該對自己好一點；而且布置臥室通常不必花很多預算，只要買套漂亮寢具之類的，就能擁有很美的空間了。

床位影響 臥床 整體空間感

Beds affect sense of space

對於臥房布置來說，好的家具與寢具很值得投資。日常使用愉快，視覺上還能提供令人愉悅的畫面。

PplusP Designers Ltd.

計算床的尺寸

實際將床的尺寸直接貼在臥室的地板上

在臥室裡，床已經佔了80%的空間布置，所以重新布置臥室的起點，就是找張自己喜歡的床，選一組能讓你踏進門就感覺放鬆的床吧。

先從選擇床的尺寸下手。除非你的臥室極大，否則別選擇加大雙人床，想知道你所選的床佔了臥室多少面積，可以直接用膠帶將床的尺寸貼在地板上，然後在各邊再加30公分寬，這樣的大小可以讓你繞著床走動。

可以的話，面積不能大於空間面積的1/3，也不能擋住門或窗戶。至於高度就以肉眼來判斷，如果空間的天花板較低，就不要買太厚重或太高的床組。

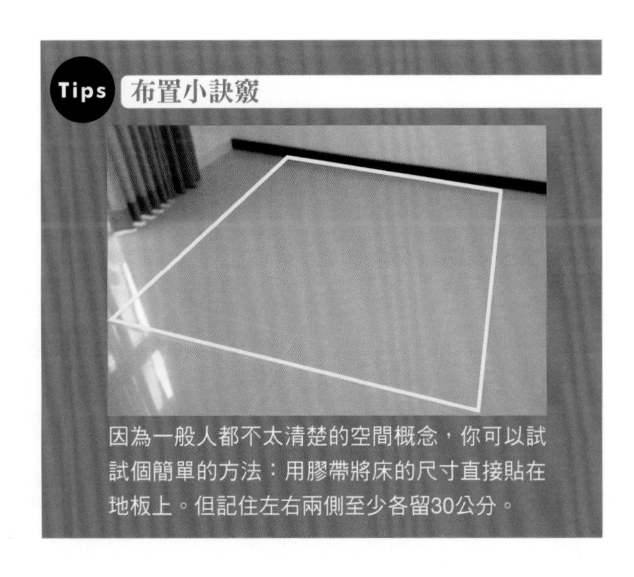

Tips 布置小訣竅

因為一般人都不太清楚的空間概念，你可以試試個簡單的方法：用膠帶將床的尺寸直接貼在地板上。但記住左右兩側至少各留30公分。

床位的擺法

留出60～90cm的下床走動空間

挑選床時，切記床墊愈大，床框就要愈簡潔。至於，中間高起兩側較低的床頭板（常見於古典風，鄉村風的型式），可以將視覺焦點拉向中央，縮小床的整體感覺；而白色床框則是比桃花心木床框感覺更加輕盈。

以床尾來說，若對牆設有衣櫃，床尾與櫃門應留出寬90公分以上的走道，這個寬度包括房門打開與人站立時會佔掉的空間。至於，床頭兩側至少要有一邊離側牆有60公分的寬度，主要是為了便於從側邊上下床；床頭旁邊留出50公分的寬度，還可擺放床頭邊桌，可順手擺放眼鏡、手機等小物。

*
床架要和牆飾相呼應

橙橙設計的建議：床與臥室的牆在風格上密不可分的，斟酌使用與臥室牆面同樣風格的床，能營造氛圍，更增添臥室浪漫溫馨的氣息。

*
臥室格局可用布置改變

林志隆設計師的建議：通常是結合更衣室功能在臥室中，如果有6坪以上，可以運用整片的收納櫃或衣櫃隔出走道式的更衣室。

懷特室內設計

橙橙設計

床頭兩側，至
少要有一邊離
牆60公分寬
床頭若想擺上
邊桌，要留出
50公分寬
床的面積不能大
過臥室的1/3
LONDON
Andrew Bell

關鍵是好的家具和寢具

郭璇如設計師的建議：臥房布置來說，好的家具與寢具很值得投資。不僅日常使用很愉快，視覺上還能提供令人愉悅的畫面；千萬別為了想省錢或應急而匆匆買入次級品。

郭璇如室內設計

擺床位碰上風水

避免一睜開眼就看見雜亂

通常台灣人有風水上的考量，床位通常會避開對著廁所、房門口的位置；床頭也不會設在橫樑下方或窗口前。

若就空間及心理學的觀點來看，床鋪周遭最好能與牆面保持適當距離，動線才會流暢；還有一睜眼就瞧見上方有根大樑壓著，心情也會不舒服；而且早晨起床就面對窗外的雜亂街景，甚至是浴室或廁所，的確不是一日之始的好選擇。

懷特室內設計

床正對房門容易受打擾

林志隆設計師的建議：我在意的是開門視線，不要一開門即正對床，一方面睡眠者沒有安全感，另一方面，家人若進房間容易直接打擾睡眠。

用床頭板避開「樑壓床」

郭璇如設計師的建議：若需要避開「樑壓床」的風水禁忌時，我們也可藉由床頭板來拉開床鋪與牆面的距離。

郭璇如室內設計

若是窗外的風景怡人，可以將床尾對向窗戶，讓自己一睜眼起床就看見令人心情好的景色；若窗外風景雜亂，就試試用花色清爽、型式簡單的窗簾來遮蔽。

S & J Interior Design

當臥室的空間較小時，床位的擺法就別太在意風水，最好著眼於放大空間感。例如圖中將臥室和浴室連為開放空間，反而帶出屋主不羈的風格。

Artwill Interior Design House

床架的學問

用無床頭板的床架讓視覺變大

歐美的住家多愛用活動家具來布置臥房，且床位可能隨時改變。相較之下，台灣的臥房空間多半不大，國人習慣將床位固定，且在床頭的牆面釘製床頭板。有些屋主是習慣有床頭板，但就作用而言，床頭板主要是背靠支撐用，其實也可以不用床頭板。不過，床頭板可讓床舖成為整間臥房的視覺焦點、彰顯睡眠區的範圍。床頭板還可兼有安全性；例如：繃布的床頭板內有填充物，可避免頭部不小心撞到牆而受傷。此外，許多女性喜愛的四柱床架也可以明顯界定睡眠場域，而且修長的四柱能讓視覺向上延伸、放大。只是在小坪數的空間，最好選擇輕巧的改良型四柱床，而不是稍嫌笨重的傳統深色木質款。

*

小坪數的房間要選簡潔的床架

郭璇如設計師的建議：對於坪數較小的臥房來說，帶有柱子的床看起來很佔空間，可選用較簡單的床架，若喜歡四柱床架，可選擇改良式的四柱床。

郭璇如室內設計

傳統床架通常都有笨重感，可以選擇時尚設計款，稍微有懸空感的床架，簡潔有型，讓空間多點線條變化。

UdA Architects

床頭板需能支撐脊椎

朱英凱設計師的建議：床頭板除了可以增添個人風格外，床頭板的柔軟支撐，可以使我們的身體放鬆舒適，因此材質應以舒適為宜。

不用床頭板更有變化

林志隆設計師的建議：其實枕頭疊兩個，也可以不用床頭板，或可以變化成沒有床架，只在床頭擺放床墊，也能製造床的完整印象。

懷特室內設計

Bed Sets

床型常見的款式

天篷床

適合天花板較高的臥房，在上方邊框處會垂掛飾簾。這種浪漫的床型原本是讓使用者睡眠時更溫暖，但之後演變成可以不加垂簾，讓床框的線條和結構表現新時尚的美感。

☑基本款　□流行款

平台床

是沒有床頭板、床柱、裝飾、床台較低的床型。這種床的缺點是給人笨重感，如果你的臥房較小，最好是選擇床頭與床墊高度切齊的床台。

☑基本款　□流行款

四柱床

這種古典床能為整個房間帶來典雅的氛圍。床柱的材質包括：雕花木、簡潔金屬線條等等。建議床不要超過空間高度的 2/3。對於坪數較小的臥房來說，選用四柱床的柱體要細，反而可以使房間變大。

☑基本款　□流行款

床頭板床

是最傳統的床型，而床頭板也有多種材質可供挑選，例如：木材、板材繃布等等。床頭板的面積至少要超過 120 x 150 公分，這樣才能撐住一般人靠躺的重量。

☑基本款　□流行款

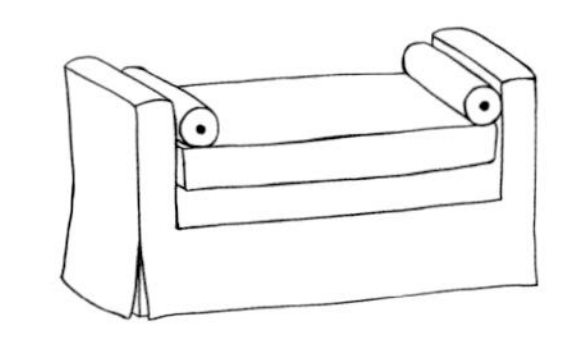

腳輪床

通常都是靠牆擺放，基本尺寸皆為兩張單人床的大小，有些床型會隱藏拉出式床台或儲物箱。這種床型很適合小孩房或客房。

□基本款　☑流行款

雪橇床

起源於法國，特點是床頭板和床尾板都是向外捲曲的流暢曲線，很像雪橇，因此得名。是古典、鄉村風的臥室愛用的經典款，擺在任何一間臥室都能呈現美麗優雅的風格。

☑基本款　□流行款

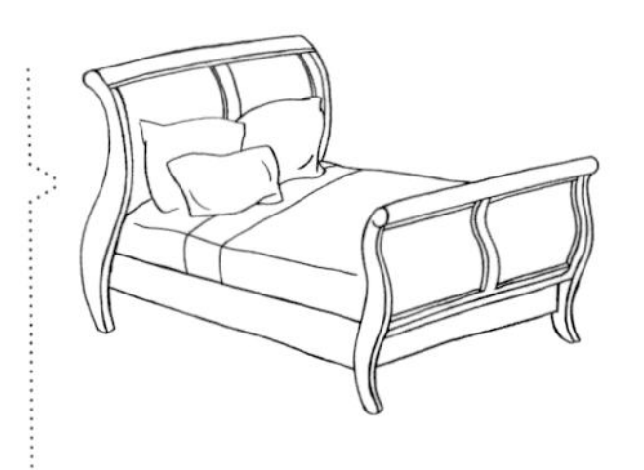

現代造型床

通常是各品牌的設計款，一般多為現代簡約風格或工業風，外型前衛。有些款式為因應小坪數的空間，特別設計為無床頭板的樣式。

□基本款　☑流行款

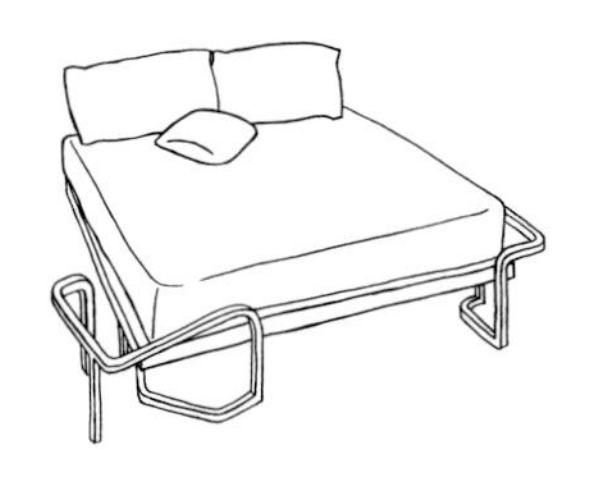

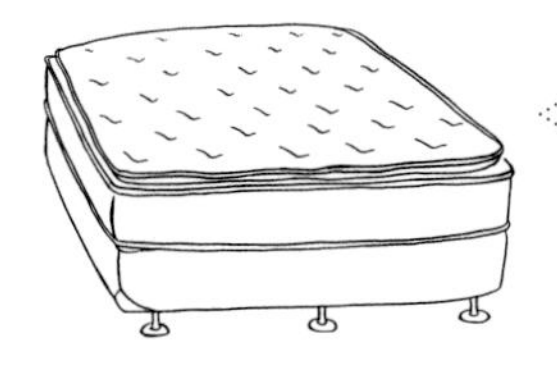

雙墊式

雙墊式床型在台灣較少見，但國外相當流行；其是上下兩床墊構成，材質有彈簧、乳膠、記憶膠……等。雙墊式的床型躺起來較單床墊型更柔軟、舒適，適合不易入眠的體質。

☑基本款　□流行款

影響睡眠品質 The key point of sleep quality 床墊&寢具組 最重要的要素

用床頭板
避開橫樑
曲線繃布床頭板
可讓背脊放鬆
KAI
Debbie Deco Ltd.

床墊和寢具是臥室布置中最重要的關鍵，一組好的寢具不只是讓臥室更美麗，也會影響睡眠品質和身體健康。

床墊

好壞、軟硬關乎人體和脊椎的健康

睡眠品質好不好關乎著個人的健康，因此床睡得舒適與否很重要。買床墊沒有人能幫你，床墊的選擇非常主觀，只有自己知道什麼最適合。

親自躺躺，感受床墊軟硬舒適度

千萬別相信任何廣告或名牌床墊，必須用平常的睡姿親自躺下至少十分鐘，去感覺床墊帶給你的真實感受。床墊應該要能支撐全身各處，保護脊椎維持健康的形態，避免脊椎壓迫或側彎。

床墊也要定期翻動，才能保持最佳狀態

在購入床墊前三個月的期間，至少每個月要將床墊翻面一次，可以讓床墊保持最佳狀態；之後每三個月翻一次，避免受到濕氣和髒汙的損壞。至於何時該換床墊，以下提供幾個標準：

- 起床時背部感到痠痛。
- 覺得別人的床比較好睡。
- 你經常躺的位置出現凹痕。
- 感覺得到床墊的彈簧。
- 已經十年以上沒換過床墊。

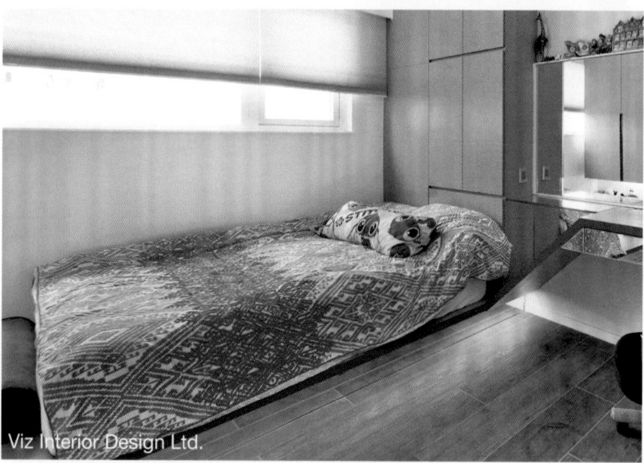

有時限於臥室的空間設計，直接在空間的階台上，擺一張彈簧床墊，便可以成為單人床鋪了。

床架＋床墊的高度約45公分

林志隆設計師的建議：看床墊多厚，再決定床架高度，因為人會坐在床沿，太高太低都不舒服，床架和床墊加起來不要超過一般椅子高度，大約45公分。

Tips 布置小訣竅

常見的床墊款式選擇：

彈簧床墊：是最常見的床墊，耐久性取決於彈簧圈數。彈簧圈數愈多床墊就愈硬實，愈少就愈有彈力。

泡棉床墊：是由天然加合成纖維組合而成的床墊。如果材料是能配合身體曲線改變形狀的記憶泡棉，或慢性彈回泡棉的話，價格就更昂貴。

雙床墊：原本就是要一上一下疊著放的，下床墊能延長上床墊的使用年限。不過，下床墊和上床墊一樣都有使用年限，要是你直接躺在上面能感覺到凹凸不平或身體會倒向中央就得換新了。

「陪伴床」型式常用於兒童房中，自床底可再拉出一張床，讓父母或其他陪伴者，可在夜晚陪怕黑的幼兒入睡。

Noon Interior Design Ltd.

台灣並不流行雙床墊的床型，但在床墊下疊放一層下床墊，以人體工學而言，對脊椎較為放鬆，若不覺清潔麻煩，可以嘗試。

床尾與牆或櫃門保持90公分以上的走道寬

Matteo Nunziati

從空間中去找家具的花色和風格，是布置最重要的原則之一，也是最簡單的手法。圖中是與空間同一風格、但跳色的範例。

寢具組

質感好、品質佳的寢具勝過百萬裝潢

寢具組是臥室布置中的要角之一；單調的臥室可以利用窗簾、枕套或寢具組來替整個空間注入色彩或增添圖案。普遍來說，國人多半不重視被單、被套、枕套等寢具的美感。其實，像這種不過數千元的布品，最能發揮小兵立大功的效果！即使是進口名牌寢具，一套破萬的開銷仍要比添購家具、做裝潢來得平實許多。所以，不妨選用質感佳、花色美的寢具，每天身體觸摸、晨昏看著，都能讓心情備感愉快。

從喜愛的飯店、臥室主牆，尋找寢具花色

那該如何挑選寢具的花色呢？可以試試簡化選擇：從自己喜歡的飯店找靈感，參考它的寢具組花色；也許你對素色的搭配比較有把握，所以選擇單色的款式，但是若臥室中有花色的單品，這樣的搭配就容易顯得突兀。其實，不妨從臥房的用色、線條，來找出吻合其調性的寢具。尤其是主牆的花色，更是挑選寢具的關鍵。當然，您也可刻意找出對比色，藉由衝突的元素來營造空間個性。

寢具組也可玩混搭，表現個人的獨特美感

市面上的寢具組通常都是一套組好，方便消費者選擇，但寢具不一定要成套，多層次混合的搭配，才是考驗個人生活品味的關鍵；既然在前幾章都在告訴你混搭的優點和技巧，建議你不妨也將這樣的手法運用在寢具上。

Tips 布置小訣竅

市面上的寢具組通常包括以下幾個物件：

床包：床單四角車上鬆緊帶的款式，能夠讓你在鋪床時更加整齊。若是有舒適墊的床墊需要高度加高的床包，所以購買時要挑選註明加高的款式，適用高度30至45公分的床墊。

床裙：又稱「床墊裙罩」。床裙是從床墊往下一路垂到接近地板蓋過床架的打摺布料，非常適合用來掩蓋床底的收納。

被單：是一塊長方形的布，有時在四個角會有些刺繡或扇形的裝飾。

被套：用來包裹住蓬鬆的羽絨被，你可以把這種容易顯得凌亂的被套折成三折，放在床尾。

枕頭套：是用來包住你睡覺用的枕頭，樸素又簡單。

這個臥室就是典型寢具混搭，因為屋主極具童心，收集了不少布偶，故在靠枕上走可愛插畫風，但枕套用簡約風，而被套、被單則走英倫風。

UdA Architects

懷特室內設計

深素色床單是百搭款

林志隆設計師的建議：若沒有特別喜愛的風格或花色時，建議儘量選擇素色、暗色系、簡單不要太花俏的床單，百搭看不膩。

混搭寢具時，要注意花色主軸

郭璇如設計師的建議：貼了花草壁紙的臥房，寢具就選用甜美復古的粉白、紫丁香花相間的構圖。所以被套是花色相近的格子紋、床單是淺粉紅的花朵，但枕套則故意跳脫被套的花色，用黃綠色的細格子，讓整個空間呈現自由搭配感。

郭璇如室內設計

讓光源分散 Let light dispersion,
空間變得更暖和 space becomes warmer

臥室的燈光布置

軌道燈飾主照明
在布置臥室光源時，吊燈容易造成空間使用者的不適，不如在天花板四邊夾層設嵌燈，再以枱燈、壁燈、落地燈搭配使用，製造空間立體感，更有變化。
枱燈為夜讀用
造形立燈主要作用在裝飾
PplusP Designers Ltd.

*
以自己的喜好選光源最舒服

林志隆設計師的建議：如果需要夜讀，床頭燈就是必須的，其他的照明再以自己喜好的樣式來選擇用桌燈、立燈或壁燈。

*
臥室的燈泡可選用暖黃光色

郭璇如設計師的建議：由於床頭柏燈多半當做睡前閱讀的照明來源，兼有夜燈的功能。因此，燈泡選用暖黃的光色，可以打造出柔和的照度。

*
床頭燈用不對稱布置

朱英凱設計師的建議：床頭燈應該視床在空間中的尺度和比例為準，所以不一定要對稱。用不同尺寸的燈飾調整空間比例，一樣能創造趣味性。

變化臥室照明

捨棄吊燈照明，用多處光源製造氣氛

在台灣，臥室的照明常常都是在房間天花板正中間，裝盞吸頂燈當主燈，再在床頭兩側擺上床頭燈當輔助照明，一切就抵定。但是燈具、燈光也是成功營造臥室氣氛的關鍵之一；臥室的照明其實可以玩出許多風格、花樣的，只要你清楚自己對臥室的期待與定位。

首先，在臥室中找出需要照明的地方，再選擇所需的環境和作業照明；因為我們在衣櫃前找衣服和窩在床上看書時，所使用的光源絕對不同，所以一定要找出臥室何處需要照明、使用哪種光源最合適。

放對位置的燈具會比天花板照明更適合臥室。空間較小、家具體積大時，天花板照明通常會在空間中產生許多陰影，會有陰沉感；而臥室是個放鬆休息，講求氣氛的場所，所以可以嘗試多選擇幾處安裝燈具，讓光源分散、變得更暖和。

床頭燈是夜讀的伙伴

找一盞不會干擾睡眠的燈具

臥室燈具若只安裝在你需要照明的地方：床邊、梳妝枱、衣櫃和書桌等地方，那麼臥室的氛圍就會更加多變。撇開其他環境式的照明，以實用性來說，床頭燈是必須的，因為大多數的人喜歡在睡前閱讀；而床頭燈的款式，就要看你自己的喜好，來選擇用桌燈、立燈或壁燈。

床邊燈最重要的一點，就是讓你不用下床就能開關燈。不過，要注意一點，若你是夜貓子，但枕邊人卻是早睡的晨型人，你就需要一盞燈罩不透明的床邊燈，因為它的光只會照在你需要的地方，這樣就不至於干擾到枕邊人的睡眠。

*

床頭燈的燈罩選用半透明

郭璇如設計師的建議：臥室燈罩為半透光材質為佳，當光線透過燈罩時，散發而出的柔和光暈，可讓燈具變成空間的亮點。

若以吊燈為臥室的主要光源時，請注意別將吊燈裝於床的正上方，而是安於床尾的上方，床頭再以壁燈或枱燈輔助照明。

壁燈是臥室床頭夜讀燈的常用款；挑選時除了從空間中找連結的大原則外，要注意床頭燈的色溫不能打擾睡眠，請盡量選用黃光，有燈罩的款式也是好選項。

*安裝床頭燈可降低半夜起床的意外

朱英凱設計師的建議：半夜起床若有床頭燈的燈光輔助，比較能協助降低意外的發生。但是亮度與照明角度的斟酌，以不干擾睡眠為宜。

*桌燈的便利性比壁燈高

林志隆設計師的建議：以床頭燈而言，桌燈機動性最高，想換樣式時方便移動，若是鎖死的壁燈就不容易變化樣式。

Bedside Lighting

床頭燈的款式

桌燈

不要把適合放在客廳的鼓形或甕形燈拿來放在臥室裡。臥室燈具的體積應該要小，因為它的功能是在你就寢前的活動提供照明。

☑基本款　☐流行款

作業燈

夾式或壁式作業燈幾乎不會佔用窗邊桌的空間。很多壁式燈具都有延伸臂，輔助你將光源移到你需要照明的地方。把這種燈安裝在距離窗腳 20 到 25 公分的距離，並且距離床墊表面 45 公分高的位置。

☑基本款　☐流行款

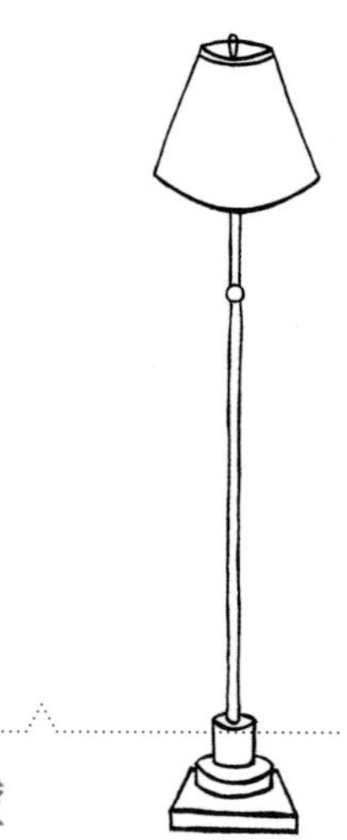

落地燈

把落地燈用在臥室是比較少見的選擇。你可以挑選有 S 形彎臂的款式，這樣可以將光源導引至窗邊或書桌上。

☑基本款　☐流行款

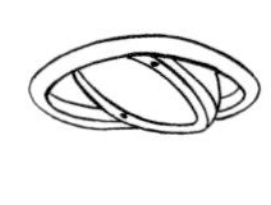

嵌燈

嵌燈過去是客廳的輔助燈源，近年來因大家普遍接受照明多元層次變化，嵌燈成為許多人愛用的主燈源。睡眠空間較需要間接的柔和光，因此也愈來愈多人將嵌燈用於臥室的燈源之一。

☐基本款 ☑流行款

工業風鎢絲燈座

是桌燈的設計款，主要是因為工業風格流行，這類復古工業風的家飾也大行其道。此類燈款很適合復古風、現代風，甚至古典風的空間，增加空間混搭趣味。

☐基本款 ☑流行款

彩繪玻璃桌燈

彩繪玻璃的燈飾是古典風、鄉村風空間中，非常常見的家飾布置元素，如果想將臥室塑造成夢幻優雅的空間，可以採用此類型的燈飾。

☐基本款 ☑流行款

造型壁燈

壁燈是床頭燈常用款，有風格造型的壁燈很適合安裝於床頭兩側；但在挑選時，要注意造型需和空間物件有所連結，燈光儘量用黃光、不要直射臉部，以免干擾睡眠。

☐基本款 ☑流行款

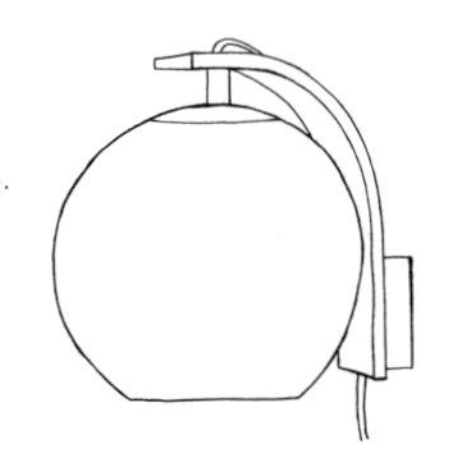

雜物和衣物的 床邊桌櫃&衣物櫃 收納總整理

Total finishing debris and clothing

若你喜愛在床上做些小雜事，你就需要一個有抽屜的小櫃子，擺在床邊，但別忘了用枱燈或造型燈去布置它。

Artwill Interior Design House

床邊桌櫃

家庭工作桌反應你的生活習慣

在現代社會，臥室的功能演化已經從睡覺的窩，變成圖書館、娛樂中心……等，床邊桌漸漸被一些雜物給淹沒。想避免雜亂，就挑選一張桌面夠大的床邊桌，只讓必需品上桌，例如：枱燈、鬧鐘和杯水。至於遙控器、睡眠輔助道具（口罩、眼罩或耳塞）、首飾等等，就放在某個抽屜或容器裡。

先確認桌面上會擺哪些東西，再選購適合的床邊桌

床邊桌會直接反映你的生活習慣，如果你是熱愛閱讀的人，不妨在床邊擺個小書櫃；如果你習慣在床上工作、看電視，建議你可以放個小盒子來收納文具和搖控器。

床邊桌要兼具美觀與實用性。如果你的床是一張平台床，不妨試試有曲線美感的單柱邊桌，只是在購買小桌前，請先清點晚上就寢時必備的睡眠小物，再挑選。此外，床邊桌的高度最好與床墊等高，或不要高過床墊15公分以上，以方便你能隨手取用物品。

邊桌和燈具不同型式，製造混搭美感

前面幾章的空間布置都在告訴大家用混搭家具，製造空間的多元美感，臥室也可以；不過，採用一組成對的床邊桌、燈具，是不錯的選擇，因為視覺上的對稱，會讓人覺得井然有序，這樣的空間容易讓人覺得放鬆。當然，這個建議不是要你將家中所有臥室的床邊桌都換成一模一樣的。以下是幾種有趣的混搭風：

- **金屬花園桌搭配藥房燈**
- **現代風格的方塊桌搭配葫蘆形枱燈**
- **深色木床邊桌搭配透明玻璃燈座的枱燈**
- **蓋桌布的床邊桌搭配經典吊臂式燈具**

床邊桌其實是臥室最實用的裝飾布置，若你並不愛在床上工作，那麼簡單的三腳凳，上面擺上美麗的小水杯，就是可愛的小角落。

臥床兩側的邊桌和燈具各自有不同型式、樣貌，大玩混搭藝術，反而更加突顯臥室主人的性格。

當臥室的光線充足，那麼靠窗側的床邊不擺桌子，而是擺個造型櫃，也會是個匠心獨具的布置。

Match Design Limited

葫蘆瓶身的枱燈搭上方形邊桌，對稱地擺於床頭兩側，會有復古的美感。

Andrew Bell

衣物櫃

依照衣服種類和數量來選擇合適的收納

臥室的儲物預算千萬不能省。這裡就好比廚房，你規劃的收納空間愈多，你的日常生活動線就能更流暢；其實，臥室還有其他空隙可作收納，而且用不著出動大型櫥櫃就可搞定，尤其是：床下和門邊、窗邊。

依照你的衣服種類，選擇收納方法

一般而言，臥室也身兼更衣間，但要是沒有規劃出妥善的收納空間，你的衣櫥就會像藤蔓般漸漸佔據整間房間。想要好好控管衣物收納，你就必須讓出臥室的一面牆給儲物家具，像是抽屜櫃或衣櫃等等。最重要的是，你的家具一定要符合你的需求。

如果你有洋裝癖，那就放棄衣櫥、五斗櫃，騰出空間讓給吊衣桿，如果你有成山成堆的羊毛衣，那最好準備足夠收納空間的衣櫃給這些衣物。

想要每件東西都整整齊齊，你可以在抽屜裡加放隔板，好讓你收納小物件，再於衣櫃裡增加帆布掛袋，給你的鞋子和配件一個家。

臥室空間若小，可以化牆為櫃，盡可能增加坪效。
Danny Chiu Interior Designs Ltd.

若你的衣物多是毛料類
的織物，建議採用多抽
屜的五斗櫃收納。
Debbie Deco Ltd.

床架下方可以訂製
成抽屜，即美觀又
兼收納。
Fancy Design

利用滑輪收納箱將換季衣服藏在床底

運用狹長型的塑膠籃加上封口上蓋，來收納季節性衣物，例如毛衣和其他外衣，或是偶爾在特定場合才會穿戴的服飾配件（像是溜冰鞋或晚宴服）。此外，附有輪腳的收納箱用起來也會較順手。老舊或用不著的旅行箱和箱子也很適合拿來放在床底做收納用。

在靠窗和靠門處放置板架，就是隱藏收納空間

將架子融入窗框或門框，它就會成為這個空間結構的一部分。你可以試著把架子沿著窗框垂直鎖上，或是將它們安裝在稍微重疊門框的上緣的地方，這兩種方法都能讓人將視覺焦點放在更大的東西上，例如窗外的景色或是門外的走道，反而不會將焦點擺在架上的書籍、箱子等雜物。

有些人床尾常會擺上一張長椅，不妨把它換成一只木箱，裡面的空間可以讓你輕鬆收納櫃放不下的衣服、薄被、毛毯等等。你甚至可以運用一點巧思把箱子改造成可以收納吊掛式文件，或其他文件的資料箱。

臥室的空間夠時，不妨試試在床尾放個復古衣箱，就成為很不同的收納布置。

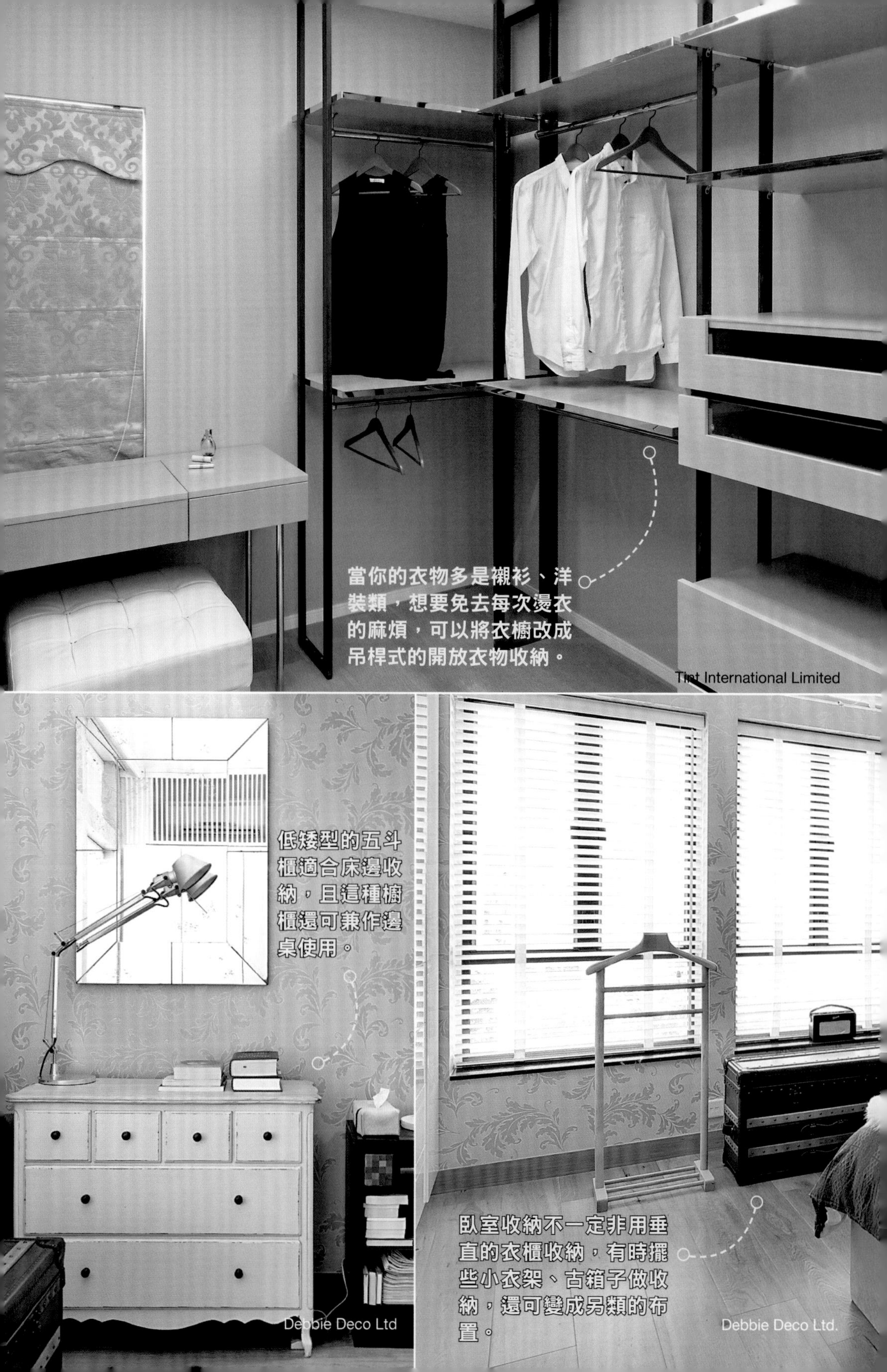

當你的衣物多是襯衫、洋裝類，想要免去每次燙衣的麻煩，可以將衣櫥改成吊桿式的開放衣物收納。

Tint International Limited

低矮型的五斗櫃適合床邊收納，且這種櫥櫃還可兼作邊桌使用。

Debbie Deco Ltd

臥室收納不一定非用垂直的衣櫃收納，有時擺些小衣架、古箱子做收納，還可變成另類的布置。

Debbie Deco Ltd.

衣櫃收納教戰守則

衣櫃裡的每寸空間都要善加利用，你可以裝置隔板架或簡單在橫桿上吊帆布掛袋（用來收納鞋子或編織品）。一座至少有210公分高的衣櫃能容納兩支橫桿（上下各掛一支），但要注意最低的橫桿至少要離地約105公分高。

整理：把你不穿的衣物，捐出去或丟掉。

增加空間：安裝隔板、層架、掛袋或利用箱子活用衣櫃裡的每寸收納空間。

掛起來：多花些錢投資高品質的衣架，它們能幫助維持衣服的形狀，延長衣物的壽命。

集中相同物件：先把同類型的衣物集中起來，例如：襯衫、毛衣；再以顏色進行分類，像是黑色、紅色等。

順手拿放：將你常用的物件放在視線可及或較低的範圍內，很少用到的則放在拿不到或比較高的地方。

裝箱：利用貼上標籤的紙箱或其他箱子集中類似物件，但使用過後一定要放回原位。

懷特室內設計

在臥室一角設置開放式鐵件吊桿，下方空間讓屋主自己視摺疊衣物數量，自由組合抽屜，也是不錯的收納點子。

量身訂作的系統櫃是不錯的臥室收納選項，但事先要和業者作好溝通。

靚靚星室內設計

外套、大衣類的衣物就直接在牆面上安裝鐵桿掛起，只要和臥室風格相當，也是一種布置創意。

Tak Ho Interior Design Ltd.

利用特殊造型的書架來收納臥室的小雜物或書報，不但讓空間增添趣味，也達到整理收納的效果。

Moderne Design House Ltd.

Bedside Table

床邊桌常見款式

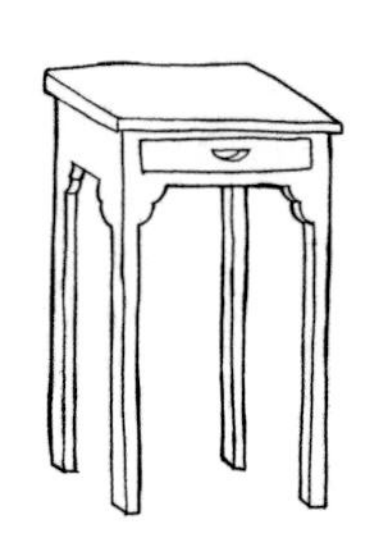

抽屜小桌

常見的床邊桌款式之一，有抽屜方便收納雜物，有些款式還附矮架，擱置書本或收放私人物品都很便利。此款床邊桌有各式不同材質。

☑基本款　□流行款

單柱腳桌

外形別緻，與簡單床鋪形成強烈對比，是有趣的空間布置，但需要時常整理桌面，否則桌面過於凌亂，會讓整個空間感覺雜亂。

□基本款　☑流行款

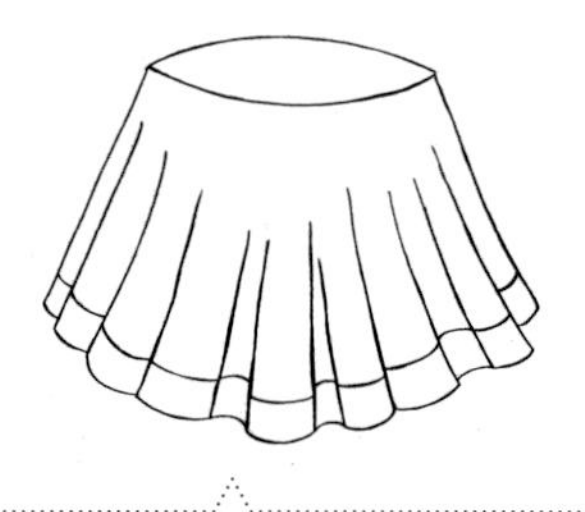

蓋布邊桌

能蓋住桌下的空間，形成一個很好的收納空間。在桌面加一塊等面積的玻璃，或是放置托盤、擺個小物，能為桌子加分不少。

☑基本款　□流行款

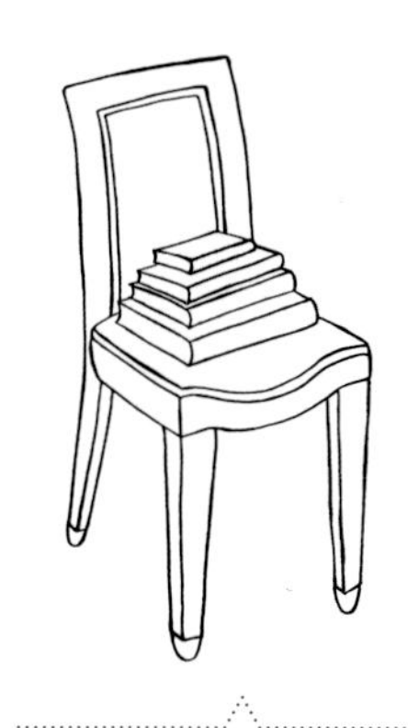

書櫃

若要讓臥室多出額外的收納空間，可以利用現成的短小書櫃，但櫃子深度要夠，才有足夠的面積當桌面，而且高度不要高過床墊。

☑基本款　☐流行款

書疊椅

一張高度適宜的椅子或凳子放在床邊，會為空間增添一些趣味；而把厚重的精裝書疊在一起，也能營造濃濃的文藝氣息。

☐基本款　☑流行款

書桌

直接擺一張簡單的小書桌，桌面部分的空間可用來放置小物；也可以是臥室中的工作站。

☑基本款　☐流行款

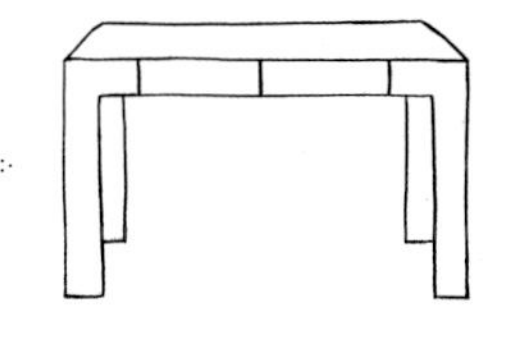

造型櫃

在現代風格的空間中，線條簡約的設計款矮櫃，很適合擺在床頭，當做簡單的收納區，也會讓臥室有不同的風味。

☐基本款　☑流行款

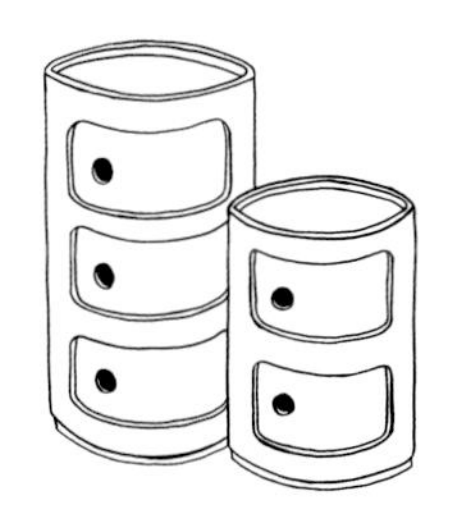

小書櫥

若有睡前小讀的習慣，但不愛用開放書架或書疊布置的人，可以採用這種傳統的古典小書櫥，會讓臥室有些典雅風味。

☑基本款　☐流行款

Storage

儲物櫃常見的款式

抽屜櫃

通常最上層的抽屜都較小，可以用來放置內衣和珠寶等物件，而較大的隔間則是放衣物用。抽屜裡放塑膠隔板可以幫你做分類，此外，兩座高瘦的抽屜櫃也能取代一座大型衣櫃。

☑基本款　☐流行款

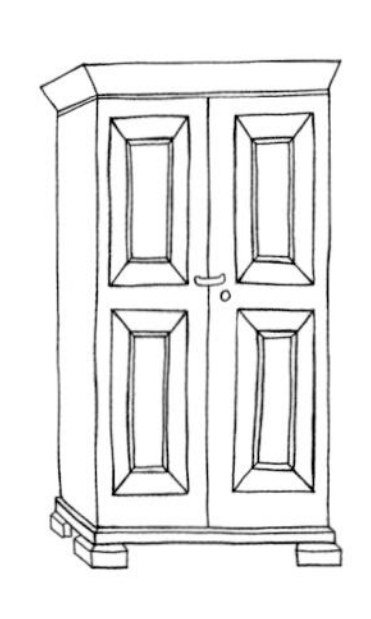

衣櫃

是種獨立式的衣櫥，很適合用於收納吊掛式和摺起來的衣物，但它也會佔據較大的空間。記得先確認衣櫃內的吊掛空間的深度至少要有 60 公分，因為許多老式衣櫃深度都太淺，無法放進一般衣架。

古典櫃

是古典風、鄉村風的臥室空間常見的款式。起源於十八世紀，為小巧精緻的洛可可風格，因為帶著甜美纖細的美感，所以很受女性的歡迎。適合女孩房的布置。

☑基本款　☐流行款

造型五斗櫃

是抽屜櫃的設計款，收納空間要看櫃子的大小，希望臥室多點變化，此類的造型款衣櫃是選項之一。

☐基本款 ☑流行款

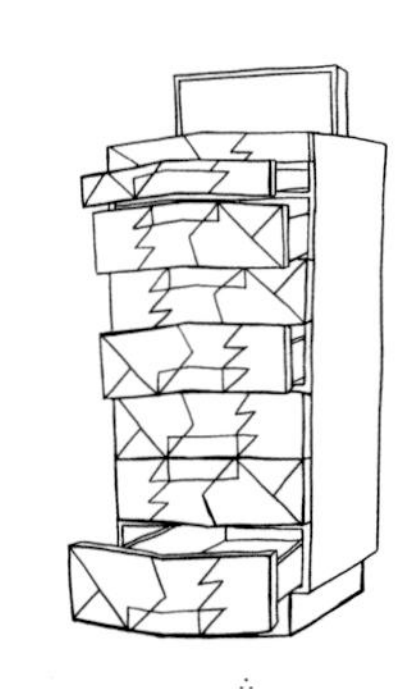

造型衣櫃

是抽屜櫃的變化款，較五斗櫃高一些，可兼做工作桌或化妝枱使用。適合收納摺疊的衣物及貼身用品。

☐基本款 ☑流行款

系統衣櫃

近年受歡迎的臥室收納，是依照屋主的使用習慣、空間大小、室內風格量身訂做的。收納方式和用途能依使用者的想法製作，因此變化多元，但在挑選製作廠商時，務必要做好清楚的溝通、說明，以免成品和自己想像規劃的有落差。

☐基本款 ☑流行款

現代衣櫃

是常見的基本款，適用於現代衣物多的小家庭。外觀通常變化不大，線條簡約、裝飾也不多，較適合現代風的空間。

☑基本款 ☐流行款

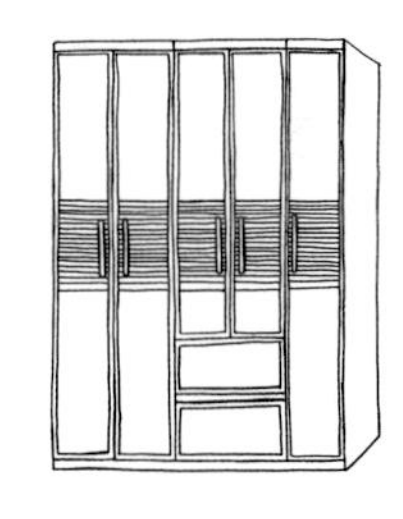

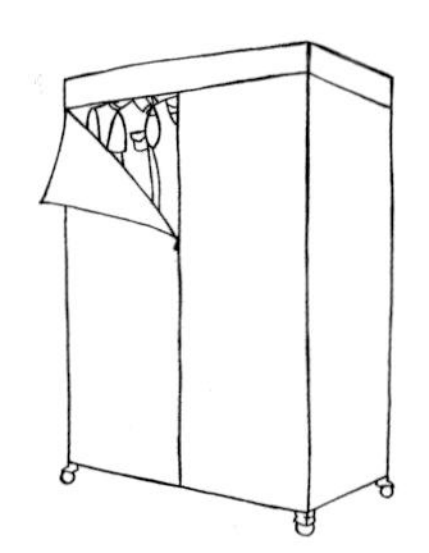

直立式簡易櫃

這種簡易的衣櫃不管是組裝金屬架、橫桿或披上布面外罩（特別是和牆面相似的顏色）都輕而易舉，是個簡單的收納方法。

☑基本款 ☐流行款

To create a more intimate space to rest 椅子&其他裝飾品 營造更溫馨的

不管是何種單椅，擺在臥室中，都會是一種風景，若有空間可以配上個小圓桌，就可成為另類的休憩或工作區。

Ross Urwin

單椅

不是座椅，但可以代替臥室小桌、裝飾擺設

在臥室裡挪出位置擺張萬用椅吧！它不僅能讓你舒服地窩著看書、休息或穿鞋，也能當作書桌椅使用。此外，你也可以在更衣時隨興把衣服扔在上面，用途就好比像睡覺時的備用枕一樣。

從布置的角度來看，一張椅子可以為四四方方的空間增添不同顏色、圖案和形狀。一張有繃布的椅子不僅能降低這些方正線條的嚴肅感，還能多個柔軟的休息地方。

至於在床尾，我們可以擺張小矮椅當休憩椅。如果空間允許的話，也能放張較大的休閒椅。主臥室若有空間，不妨考慮在那張椅子旁擺上腳凳和一盞燈創造出閱讀空間，這裡會比客廳的閱讀區來得要更隱密、幽靜。

城市設計

其他擺設

窗邊臥榻、鏡子、掛圖、小物，都具風味

臥室除了床組、家具與燈具，我們還可透過其他的單件小物來裝點空間。

1

窗邊臥榻是女孩的最愛

在歐美各國，臥室也常出現窗邊臥榻，充滿了休閒感。在窗邊設臥榻有幾點好處。

- 若窗外景色不錯的話，可坐在這裡賞景、休憩。
- 可坐在窗邊臥榻與親友輕鬆閒聊、話家常，增進彼此感情。
- 臥榻下方還可做為收納空間。

2

小型畫作

角落的單椅布置，配合牆上幾幅小型的抽象畫作，以及鮮艷的抱枕，讓純白的空間不再死氣沉沉，這種布置手法很適合無法更動裝潢的租屋族。

3

鏡子的裝飾魔法

- 直接掛在房內窗戶的正對面，增加可看的風景。
- 利用鏡子將另一個空間的光線折射到暗處。
- 擺在能映照出美麗的花朵或藝術品之處。
- 在視平線的高度掛一面大鏡子能讓空間感覺變大。
- 在燭光搖曳的空間裡利用鏡子增添氣氛。

靚靚星室內設計

2

Andrew Bell

3

Boris Design Studio

打造孩子的私人空間 Build a private space of the Child
兒童房

天藍色的主題常是男孩房的選擇，這種中性色帶著安定、沉穩的氣質，可以平撫男孩好動的心思。

Artwill Interior Design House

現代人疼小孩，許多家長會幫孩子留獨立的房間，理想的兒童房應具有「可以改變」的特質，因為孩子會成長，隨著幼兒期、學齡期到青春期的不同需求與偏愛，房間機能必須靈活變化。

因為孩子成長很快，與其花大錢布置硬體，不如簡化小孩房的硬體裝修，改以可大量隨時汰舊換新的軟件，例如：抱枕、床單、窗簾……等來布置，不但花費較省，且更迎合孩子轉變後的需求，有時更能發揮畫龍點睛的效果。

在台灣小坪數居家空間，要布置孩子房，請掌握幾項原則：

善用色彩平衡孩子的性格

房間的顏色會影響孩子個性，是許多家長常忽略的重點，大家都會依孩子喜愛的顏色去布置整個房間，這並不完全正確。環境中常見的色彩會左右人的個性，亮度高、過於鮮艷的顏色容易讓人躁動；反之，沉穩的大地色系、亮度中等、稍淺色，則讓人心情安定、溫和。

因此，當家中的孩子較好動時，房間的色彩請多用卡其、橄欖綠等穩定色；若孩子個性過於安靜，最好用亮度高一些的單純色，例如：黃、橘、鮮綠。

兒童需要自然採光充足的空間

很多家庭都會把採光最好的空間留給客廳或主臥，但是從健康和人格養成的角度來看，最需要陽光充足的家庭成員其實是正在長大的孩子。

陽光充足的空間，細菌較其他空間少，孩子就不易生病。而且常生活在自然光照射下的孩子，大腦的活動力會較高，對於邏輯推理和色彩感知有正面影響；最重要的是，生活在陽光充足環境的孩子，個性開朗積極、樂觀，身心較房間陰暗的孩子健康許多。

燈具不要直射孩子，會影響大腦和視覺發展

兒童房的燈具布置原理會比一般臥室來得複雜。首先，孩子的成長期，大腦還在發育，好的睡眠對大腦發育健全很重要；但一般幼小的孩子都怕黑，房中配備夜燈是必要的，因此夜燈的亮度和裝備位置就很重要。

夜燈的開關要安裝在孩子伸手可及之處，而夜燈光線不能直射孩子臉部，會干擾孩子的睡眠；此外，燈光最好採用暖和的鵝黃光，亮度低一些。

孩子房的主燈光要採往上投射的燈具型式，因為向下照射的燈源，在孩子向上望時，會刺激視網膜，對孩子的視覺發展不利。

兒童房的牆面裝飾可以有各種方法，最常見的就是將孩的勞作、塗鴉貼在牆上。而房間布置更可以放上孩子喜愛的可愛玩偶。

孩子房間的燈光最好是向上投射，這樣較不會影響孩子睡眠，同時也不傷視力。

Matteo Nunziati

簡約鄉村風是許多人在布置女孩房的選項之一，捨棄常用於女孩房的粉紅色調，改以沉靜氣息的藍白條紋，配以碎花床單，更顯女孩的文靜氣質。

Fancy Design

在不同的階段提供「對」的設計布置

當孩子邁入不同人生階段，房間就需要配合改變原有設計，並增加新功能，以幫助他們不斷學習新能力。

幼兒期的兒童房建議採用活動式家具，因為在學齡前的兒童沒有太多的使用機能需求，但喜愛探索、觸摸各種器具，容易因動手抓弄、磕碰而造成物件的損壞，所以活動式家具能滿足「必須不斷更新」的需求。這個階段的兒童房家具基於安全考量，必須採用材質較好、符合環保標準、沒有稜角的物件，以免在孩子抓咬、走動時，受傷或攝入危害健康的物質。

學齡期的孩子就可依孩子的喜好及學習需求，採用訂製的系統家具或木製家具，並且於牆上做些變化，例如：可愛的壁貼、孩子的塗鴨作品……等，甚至可以依男孩、女孩的不同喜好，規劃房間的風格。值得注意的是，這時期的孩子也開始懂得靈活運用電腦、ipad等3C產品，為了孩子的大腦、視力、自制力、時間觀……等發展與養成，請將這類產品放在大人看得到的地方，更不能讓他們能隨時取用。

青春期的孩子開始進入叛逆期，為了保持兩代間的良好溝通，以及家庭成員的情感連接，可以試試改變房間格局，採「半開放空間」或「彈性格局」，讓孩子保有自我隱私，又能接收到家中其他成員的動向和訊息。

學齡前的兒童房，床鋪需要做得低一些，裝飾物也可多樣、可愛、多彩，可以刺激孩子的腦部發育。

Chateau Interior Design Ltd.

青春期之後的孩子有自己的想法和穩私，父母不妨放手讓他自己規劃布置自己的臥室，讓他覺得受尊重，也覺得有了屬於自我的個性空間。

A Square Ltd.

在家中輕鬆處理庶務

The Simple private space of the Child

工作區

臥室中的梳妝枱也是一種可迅速變身為工作桌的區域，兩側再訂製收納牆，就是個很好的小書房。

Simon Chong Design Consultants Limited

當臥室兼做書房時

不一定要擺張桌子當書桌

我們對臥室的眾多期望裡面，除了睡眠空間、衣櫥和儲藏空間以外，偶爾會多一項重要的要求，那就是「工作區」，尤其是小房子中，臥室常兼書房用，但在睡前工作通常無法讓你一夜好眠的；因此，請記住一項原則：一張不會威脅到舒適臥房的工作桌，要具備隨時隱身消失的能力。這句話指的是所有和工作相關的物件，像是：電腦、文件和文具等等，都得收得一乾二淨。

Matteo Nunziati

很多時候大家都會將臥室兼作書房，若空間不夠時，不妨嘗試用床側的邊桌當工作區使用。

簡易工作區

隨時隨地都可以讓你完成工作

替文件夾和箱子裝上布套或紙套：藏起成疊的文件和雜誌。若想要再降低它們的存在感，可以挑選中性色或相近臥室牆面的顏色。

讓工作桌身兼梳妝台：只要在桌面上方懸掛一面鏡子，再將化妝品和首飾放置於隨手可及的飾品盒裡就行了。

把可移動的收納化為攜帶型的辦公室：找個袋子、推車或箱子，能讓你隨時帶著它們移動到家中任何空間。在袋子裡放齊你的工作用具，像是支票簿、筆、郵票。等到工作時間一到，只要拎著裝有工具的大袋子就能立刻上工。

在窗邊或是衣櫃
間架上個層板，
也可算是個簡單
方便的工作桌。

A Space Design

Andrew Bell

將衣櫥多作一個層板抽屜，隨時可以拉出書寫、化妝、處理事務，是一種隱形的工作桌。
Décor House

＊ 不喜歡臥室變工作房，那就搬到餐廳

林志隆設計師的建議：我覺得臥室就讓它保留單純的睡眠機能，工作空間和客廳或餐廳結合比較好。

＊ 善用窗台打造工作桌

郭璇如設計師的建議：一般來說，臥室最好只是很單純地供人睡眠之用。圖中個案身為律師的屋主在家也需要書桌辦公；因此，選擇在窗邊打造書桌，他在此工作時也可享受室外美景。

Workspace

工作桌的款式

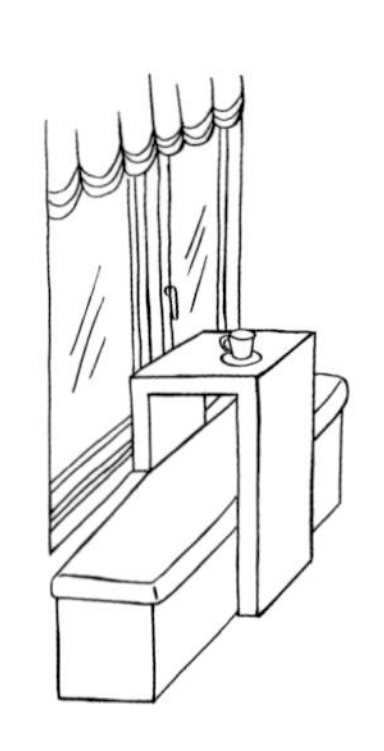

窗邊桌

是一種空間再利用的變化方式，用閒置的窗台做出小小的木製休憩台，就能當做簡易的工作桌使用，同時兼做休閒放鬆的區域。若臥室空間較小，可以採用此種布置。

☐基本款　☑流行款

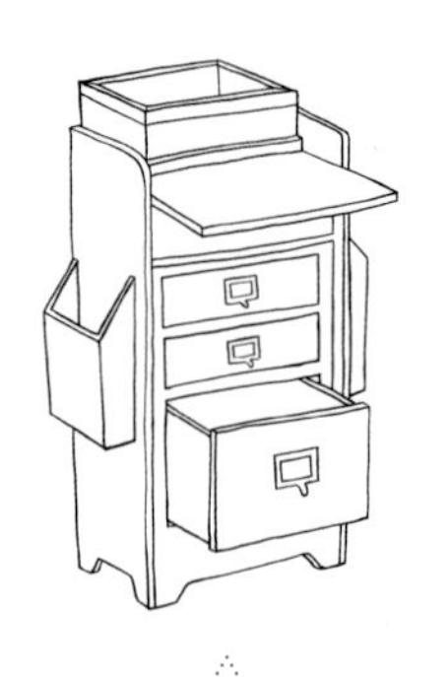

桌櫃或抽屜桌櫃

有些款式特別做為家庭辦公桌的用途，包含一張拉出式的鍵盤托盤或是寫字桌面。

☑基本款　☐流行款

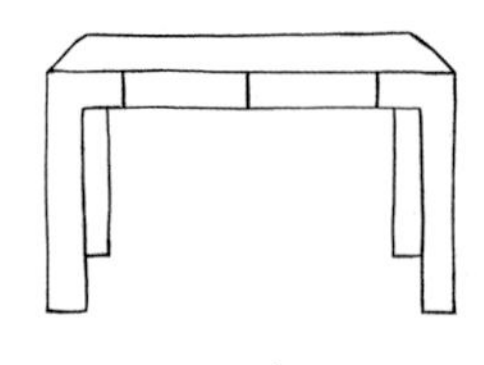

書桌

把又老又舊的木書桌給忘了吧！換張流線造型、還有抽屜能收納小物的帕森斯桌吧！如果想擴充收納空間的話，可以在桌底加放一座有輪腳的文件櫃。你可以將文件櫃上色，搭配整體臥室的氛圍，也能幫整張桌子罩件漂亮的桌裙裝飾。此外，在桌面上放置簡單的麻布或合成樹酯的盒子，也能讓你輕鬆地把凌亂的單據和文件整理乾淨。

☑基本款　☐流行款

祕書桌

基本上是一座傳統的櫃子，有著低矮的抽屜、視線高度的櫃子和一塊及腰的平面，可打開當成寫字桌。另外，還有一些能用來放小零件，像是迴紋針和郵票等的隔間和抽屜。

☑基本款　☐流行款

簡約現代桌

是近年相當流行的北歐風格的現代書桌，收納空間不多，但簡單的線條擺在任何空間都不突兀，很適合小空間的現代家庭。

☐基本款　☑流行款

造型設計桌

是非常前衛的設計款書桌，不具收納功能，但方便工作者順手取拿工具處理事務。不過，其造型簡潔前衛，並不是所有室內風格都合適。

☐基本款　☑流行款

現代造型桌

傳統書桌的設計款，特點在於其造型典雅中不失流行，有變化卻不會太突兀，不管擺在任何風格的空間中，都能成為亮點，若不當做工作桌，而是將之當成空間的裝飾，也是很好的布置元素。

☐基本款　☑流行款

風格布置
臥室
筆記

・顧問／橙橙設計

古典風

床與牆在風格上必須一致，在細節處營造典雅氛圍的美感。

臥室布置

古典風常見的做法是將天花板延伸至床，擴及床頭櫃，再以女人最愛且必備的化妝枱加入其空間，整體而言，應該可說功能面的完整性已齊備。

古典風格的臥床選擇

談到古典風格的床，大家首先會想到挺立高聳的四柱床，近年，由於世界各國的房子，皆朝小型化發展（除了台灣），因此常見的四柱床款似乎也隨潮流自高聳的四柱，朝矮型化調整，因此台灣房子並不會受限於高度而不能採用。在四柱加入布幔，舉凡薄紗、絲質等極致化表現，能增添臥室的溫潤度。

雪橇床也是不惶多讓的選項，它設計的前背板以弧型高背，床尾板也做了風格上的延續，在床側緣處以洛可可的渦漩紋收邊，其內蘊涵著大量維多利亞時期的藝術美感，雕刻的層次感雖不過份繁複，但整體造型及木質的選擇，依舊是歐洲古典中獨領風騷的代表。

,

在牆與天花板的交界處，以布幔散於床頭板二側，再酌以束綁，更增臥室溫潤而浪漫的氣息。

古典風格的衣櫃

台灣近年來已逐漸步入歐美國家的趨勢，不論何種設計風格，大多在主臥室衣櫃的作法上，採用更衣室型式呈現，其優點為收納較強、較完整、較多功能，並具凌亂不整也不易影響臥室中的美觀。

更衣室功能不外乎衣物的儲存、皮包類的收納、皮箱的存放，以及存放首飾及美妝用品等。製作上大多以木作方式一氣呵成，玻璃材質的選擇，不再以簡約式的清玻、灰玻、霧玻、烤玻為主，取而代之的茶玻、條紋玻璃、魚鱗玻璃及亂紋或腐蝕切割的鏡面交錯運用，有時候隨意錯置的藝術，常常是不經意中美的化身。

如果礙於空間無法設置更衣室，也可以採衣櫥的型式，順便遮蓋些視覺上不欲見的大樑，木料的選擇，依舊是以橡木杉型紋、胡桃木、楓木等為基本，再加以塗料染色等工法，值得一提的是，英式及美式的古典風格在油漆的選擇上，不論噴漆、木皮染色，甚至陶烤皆以平光方式為主，才不至於流於俗豔及彩度太高。化妝枱作法亦同，除慣用的線板之外，也可以在四隻腳柱上選擇訂製哥德式的尖塔紋或洛可可式的渦卷紋。

風格布置

臥室

筆記

・顧問／郭璇如設計師

鄉村風

多愛用活動家具來布置臥房，且床位可隨時改變。

郭璇如室內設計

臥室布置

台灣的臥房空間多半不大，習慣將床位固定，且在床頭的牆面釘製床頭板。臥室若只低限度地布置裝修牆色、天花板與衣櫃，再擺入床組、斗櫃等家具，並搭配落地燈、枱燈或壁燈，反而更能展現鄉村風的甜美與優雅。

鄉村風的收納

臥房通常以床為主角，故我們可從床架的用色、線條來選擇搭配的五斗櫃等家具。選擇五斗櫃或是床邊桌、床邊櫃等臥房家具時，首先要考量臥房是否有足夠空間與適當位置可容納；接著，再選擇造型能搭配整體風格的單品。

選購材質、做工皆美的家具能幫空間加分。由於鄉村風或新古典風的家具在價位方面都有一定門檻，因此想打造鄉村風居家的讀者，務必將裝修預算留出相當比例來添購家具、家飾。質感佳的家具、家飾能為空間加分。

如果預算很有限，在做完最基本的硬體裝修之後已沒有多少錢可以買家具；那麼，不妨先讓空間暫時留白，家具可待日後再慢慢添購，千萬別為了想省錢或應急而匆匆買入次級品，那反辜負了裝修的美意。

鄉村風的臥室照明和擺設

規劃鄉村風臥室的照明時，要打造出柔和的照度，燈泡最好選用暖黃的光色。此外，有傳統圓筒狀燈罩的單品較適合用於鄉村風的空間，由於床頭枱燈多半當做睡前閱讀的照明來源，兼有夜燈的功能。因此，燈罩最好為半透光的材質，光線透過燈罩而出，會形成溫柔的空間感。尤其，當燈罩若能籠上一層輕透薄紗，更能營造出浪漫感。

鄉村風臥房，裝修軟件除了床組、家具與燈具，我們還可透過寢具、小抱枕等小件單品來裝點空間。

●**小型畫作**：主題為花卉、風景的畫作很適合調性溫馨、柔和的鄉村風。

●**布品**：寢具、抱枕等布品絕對是營造臥室風格的大功臣。

●**小型塊毯**：小塊毯在歐美居家是很常見的家飾單品。尤其在臥室，擺在床側的塊毯能提供溫柔觸感，避免下床就直接踩到地板而覺得冰冷、不快。在視覺上，塊毯的花色、造型也妝點了空間。

●**壁燈、枱燈**：局部照明的燈光很能營造氛圍。而且壁燈、枱燈本身的造型也能強化整間臥室的鄉村風調性。

風格布置

臥室

筆記

・顧問／林志隆設計師

工業風

臥室布置可以運用亞麻布、皮料來營造工業風格。

懷特室內設計

臥室布置

臥室就讓它保留單純的睡眠機能，工作空間和客廳或餐廳結合比較好。工業風的臥室，雖然不必延續工業風，但也不適合擺個風格差太多的床架形式，例如過於鄉村風的床架就不適合。建議可以選擇不是整個床架落地、而是稍微有懸空感的床架，簡潔有型。

而包覆麻布、皮材質的床架，蠻適合搭配隨性、中性的工業風。由於是睡眠空間應以溫暖調性為主，因此臥室空間不太適合走偏冷的工業風，但想讓公私領域互相呼應，就可以選擇包覆麻布、皮材質。建議盡量選擇素色、暗色系、簡單不要太花俏的床單，百搭、看不膩。至於臥室牆面顏色可以用較淺的顏色，具有舒壓、沉靜的效果，像是：灰色、米色，都是很適合臥室的顏色。

雖然我不是很贊成在臥室這種休息放鬆的空間，採用工業風格的空間布置，但是若希望整個房子的風格統一，你可以選用金屬燈罩式的燈具，來呼應整體工業風元素。而且就臥室照明來說，工業風的燈具可以讓空間的混搭活潑。

風格布置
臥室
筆記

・顧問／朱英凱設計師

現代風

臥房不宜用太鮮艷的顏色，穩重色系配淺色家具即可。

臥室布置

為了讓睡覺的時候感覺舒適，通常臥房不宜採用太刺激的色彩，比較建議深沉、穩重的色系，再搭配其他淺色與溫暖色的家具，例如：咖啡色、米色、駝色等，並以素色為主，而且家具樣式應該盡可能線條簡單。

若想營造臥房氣氛，可適時使用燈光點綴。例如：床頭採用間接照明代替天花板的主燈或嵌燈，以免強光造成眼睛的不舒適，還會影響入睡眠氣氛。

臥室收納可以利用床頭

收納不是「儲放物品」就好，但是許多人卻將收納視作藏物。其實收納只是我們日常的行為動作之一，要考慮是否方便收放與拿取。

首先，我們要先釐清收納空間不夠的問題，是真的因為空間不足嗎？還是不夠瞭解自己的生活習慣？其次，再依照自己的穿衣習慣，規劃出使用率最高的衣物櫃，該由上下吊衣桿、單桿、抽屜及層板中的哪幾種元素組合而成，再依實際需求進行調整。

當然，如果空間得宜，床頭也是可以善加利用的空間，例如將床頭設計為可以收納物品的格狀層板，或是內部掏空，或是仿照其他室內設計的做法、把床頭板上方的空間設計為隱藏式的收納櫃。善用空間的畸零地帶，都可以讓居家看起來更整齊乾淨。

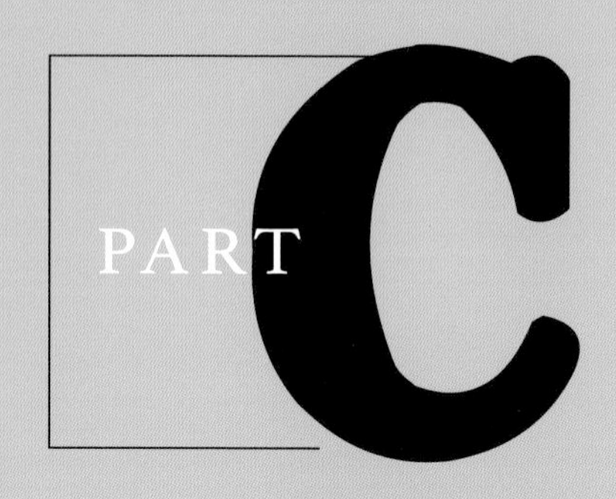

PART C

8個展現自我的風格布置玩出家的不同氣質

懂了各個空間的布置方法，

卻還拿不定主意該用什麼風格來布置嗎？

就讓設計師們分享獨家的室內布置案例，

從細節賞析名家如何運用小技巧，

讓沉悶的空間變成有生命、會說話的家！

古典風案例 01

牆色與門窗的設計魔法，小坪數佈置成大氣精緻的古典屋宅

古典風裝潢向來常見於大坪數屋子，此屋僅27坪又只有2米8的高度，樑下的高度甚至只有2米5，但是三十多歲的女屋主很喜歡純正的古典風格，設計師因此以英式古典為目標來執行。

撰稿／張愛玲　圖片提供／橙橙設計

調整空間與建材比例，小坪數展現純正古典風

為了在小空間中營造古典風的氣勢，必須在很多細節安排精心的設計，例如：全屋的壁板組合高度都是統一水平，採取上高下矮比例，就可以塑造房子變高的視覺效果；並將格局從三房改成兩房，順勢加大客、餐廳，然後將原本位於狹長走道末端的客衛，拉到餐廳一旁，讓客人更方便使用，也讓屋主保有隱私。

雙門扉、窗框裝飾讓房子看起來更大

設計師在屋中多處設置了雙門扉，營造氣勢與風格的完整度，其中有些是假門、假櫃；例如：主臥大門自走廊看過去是氣派的對開大門，但其中只有一片是真門板，做為進入房間的入口，而另一邊是假的，裡側是收納櫃，這個手法兼顧了實用與美觀，極為巧妙。

在裝飾部分，設計師利用細節成功放大空間視覺，營造氣派感，例如：在窗框上方加裝氣派的雕飾、在餐桌中央垂掛的豪華水晶燈；雖然這是十多年前完成的作品，但今日看來依然不過時，沒有陳舊的時光痕跡。處處用心的設計就是古典風格能歷久彌新的原因。

將非古典的元素收起，用沉穩的紅色、木質營造風格

為成全精緻古典的經典細膩，適度掩蓋生活感與現代的元素也是一大關鍵。像是將空調設備內藏在雙層天花板中、以古典風常用的假壁爐收起電視機、鑄鐵和茶色玻璃裝飾設計的隱藏式儲藏室……等，把電器機動地隱藏起來，才能同時保有古典氣質的美觀。

在色彩表現上，處處可見古典元素。客廳的紅色系沙發與地毯，為這個公共空間注入熱情活力，並與充滿歷史感的實木茶几、木色壁爐融為一體；玄關與電視牆、洗手台和儲藏室搶眼的對稱鑄鐵裝飾，與黃銅色壁燈的松果、鳥、天使等古典元素細節相互呼應；而壁爐上豐盛的瓷器、雕塑也都和諧地融入背景，共譜一篇賞心悅目的完美樂章。

小巧精緻古典風格

重·點·筆·記

Point

Point 1

餐桌椅組

桌腳椅腳的迷人曲線，
柔化沉穩的古典氛圍

不同於現代風格桌椅使用直來直往的線條，古典風餐桌桌腳和椅腳的圓弧線條，與屋內的圓弧鑄鐵和飾品相呼應，為餐廳空間優美地勾勒出與眾不同的氣質。

Point 2

原木茶几

細緻工藝散發正統的古典風情

客廳的穩重茶几，金屬把手、立體圓紋、線條飾邊，四平八穩中擁有古典氛圍的層次與細節。最有特色的是球狀設計桌腳，軟化了四方桌體線條，而且桌面的茶玻厚度比一般還厚一些，更耐用也更有質感。

Point 3

空間色彩

讓壁板、地板退居配角，
用家具樹立風格

米白壁板與地板低調地退居配角，色彩顯眼造型亮麗的家具與家飾品，才是空間氣氛定調的主角。當初設想的是，未來如果屋主想要更換色系或布置，不需動到硬體，只要更換家具或飾品，馬上又能為居家變化不一樣的感受。

Point 4

窗簾設計

荷葉邊飾取代窗簾盒機能，
同時拉大空間感

因為沒有多餘的空間配備窗簾盒，設計師在窗簾最上方加裝了短荷葉邊飾，遮住軌道之餘也有美觀功能。另外，一般這種三面窗，窗簾會做成三面，此案則是從中開窗簾，不用時可將窗簾俐落地收在兩邊，充滿量身訂做的細節與巧思。

Point
02

Point
03

Point
04

小巧精緻古典風格

Point 5

大門修飾

外觀不更動，但內部改用雙開古典木製大門

一般大樓的大門是全棟統一，裝潢時如果外觀無法更動，可以像這樣從內部更動，製作與內部裝潢一致的設計，雙開白色古典線板門、紅銅雕花把手，加上精緻的門眼，成了優雅氣派大門。

Point 6

鑄鐵洗手台

不只是裝飾，以細膩的設計隱藏排水管線

洗手台下方的鑄鐵設計，不僅僅是裝飾效果，洛可可的渦卷紋方式完美掩飾了內部曲折的水管，使得鏤空設計一點都不顯雜亂，反而強調出穿透的視覺感。

Point 7

小擺設微微上揚

鏡子擺放角度放大整個空間的視覺效果

壁爐上方放花器、燭台、瓷器等豐富的藝術裝置，其中中央的木製古銅金與黑混合，雕刻而成的優雅大圓鏡，除了是裝點藝術外，還身負放大空間的重要任務，訣竅在於角度需略往上揚，可將天花板倒影併入鏡中。

不一樣的布置點子

❶ **洛可可渦卷紋鑄鐵** 全屋所有鑄鐵圖騰皆為設計師親自就屋高及寬敞度設計出來的，沿襲自古典風的經典洛可可渦卷紋再加上自己的創意，為一派正統古典增添一些活潑創意。

❷ **隱藏式空調出風口** 愈來愈多人覺得空調會影響裝潢的完整性，所以追求空調的隱密性。這間屋子的空調是在間接天花板中側出風，但是設計師發現側邊出風容易直接吹到人，因此以無邊框設計的下出風更為理想，並可以將空調下出風口和警報器等都安排在一起比較清爽。

❸ **現代的3C喇叭依然可以古典** 連視聽設備喇叭都是精心挑選的古典款，大理石底原木直立造型，恰到好處地融入在古典裝潢之中。

❹ **機關牆面的趣味** 主臥床鋪尾端，看似一整面完整的牆面，其實暗藏了通往浴室與更衣室的入口，如此設計維持了裝潢的完整性，還意外充滿了機關的趣味。

❶

❷

❸

❹

牆色變化區隔空間，善用經典元素創造沉穩的古典風

約40坪、高3米25的空間，以住家空間算是相當高挑，具備打造古典風格的先天條件。走進大廳，寬敞與沉穩的色調，已讓人沉醉在古典氣氛中，超過180公分高的全大理石打造壁爐、中央垂吊的多層水晶、粗邊框的金邊畫作，充滿歷史感的硬體物件與飾品，交織出彷彿歐洲古堡的富麗堂皇，讓喜愛古典風的人不禁屏息駐足。

撰稿／張愛玲　圖片提供／橙橙設計

不同空間以相同細節布置連結，以牆色變化展現古典空間的大氣感

以玄關為分界點，一側為客廳，另一側為餐廳，L型的公共領域還能保持氣勢十足，是因為入口玄關深度留有二公尺深；在公共空間則以雙開門的方式表現在餐廳的兩側。為追求開放整體空間的完整性，設計師提醒：一定要用相同的細節做語彙，例如，廚房和書房的玻璃雙開大門，周邊飾有精緻的麻花繩索線板，也在入口大門兩側也裝點了相同邏輯的元素。

精緻全高壁板、同色系的地毯，輔以相同色系但較淺色的天花板，三者搭配使空間看起來較高挑且寬敞。設計師捨棄常用的淺色系，而採用較深的藕色做牆面，是因為這種沉穩色調比較能表現出空間「氣質」，也讓古典的氛圍更加到位，這是一般淺色牆難以達到的效果。

臥室以沉穩的紅色為主調，但減少藝術飾品加強休憩放鬆感

餐廳中顯眼的高背餐椅承襲古典風格要求的氣派，特殊的鏤空設計讓視覺得以穿透，也不會產生空間的壓迫感。餐廳廊道最裡側的紅色系主臥室延續客廳的古典氣勢，因為房子的高度足夠，天花板的顏色就不受限淺色，可以選擇特殊的搭配方式。天花板的暗紅花紋壁紙，凸顯整體空間中優雅與貴氣。臥床採用有床頭與床尾板的簡單形式，但在床頭牆上做了細緻的古典收納式絲帳，彷彿置身異國古堡的風情。房間延續客廳的古典元素，一樣有水晶燈飾、雕塑、畫作，但畢竟是休憩的空間，可以在數量上稍微減少些。

菱格地毯、羅馬簾……，以經典細節建立古典風的穩重書房

書房設計是屋內的另一亮點，咖啡色系的古典書桌和隱藏式書櫃門片，為使用功能上產生多樣的變化，菱格的馬毛地毯和羅馬簾、沙發、鋼琴……等，則為帶來柔軟和藝術性，是可以看書、工作的環境，也很適合招待友人。再者，廚房、浴室也都古典風味俱全，不同空間彼此呼應串聯出一個渾厚豐盛的經典古典風作品。

穩重氣派古典風格

重·點·筆·記

Point

Point 1

古典燈具細節很多

造型多元，豐富精彩、具藝術性

古典的燈具造型多變，並且也具備繁複的原則，在現代風燈飾中幾乎看不到的造型蕾絲、繡花布、流蘇墜飾等，在古典風中大放異彩，每一個單品都深具藝術價值。

Point 2

色彩布置

巧妙運用過渡底色讓電視若隱若現

壯觀壁爐整座都以棕閣寶大理石打造，上方並綴以裝飾用大理石線板；內側則搭配色澤較深的金鑲玉大理石，作為外部淺色大理石與黑色電視機的襯底過渡色，是電視不會顯得突兀的技巧。

Point 3

花朵必備的經典元素

古典風中少不了花朵圖紋

在古典風中，花是很好用的一個元素，像是花朵圖騰壁紙、裝飾花朵等，花朵的雅緻宜古也宜今，如要搭配古典風的華麗感，現代居家較不會採用的大膽造型花飾，但在氣派的古典風中，放入古典的花器中，更有生活感。

Point
01
Point
02
Point
03

穩重氣派古典風格

Point 4

燈光布置

燈具吊掛的位置有學問

書房的十字樑中央，以來自英國的銅雕材質，加以細膩的雕刻手法，製作而成的鏤空鳥籠造型燈飾為主題，氣派且驚艷。特地掛此處其實有轉移大樑不平均分布的視覺焦點的功用，加入了下方垂吊掛飾更延伸了燈具的長度，對整體比例更具完美效果。

Point 5

小物布置

藝術金邊杯具也講究古典

餐廳的透明玻璃櫃可以直接看到展示的杯盤餐具，幾乎每件都鑲上的金邊飾，連小地方都徹底貫徹了古典元素。

不一樣的布置點子

❶

❶ **不俗氣的金色關鍵─維也納鍍金座鐘**　屋內許多家具與飾品是屋主從世界各國搜集而來，這座維也納座鐘是正統古件，鑲金外觀擁有藝術品的富麗感，卻不落俗氣，關鍵在於複雜的造型襯托出色澤的層次變化，而金色部分，由於雕刻精巧層次多元，凹凸面產生明暗層次，金色就顯得內斂高雅。

❷ **古典風中的巧妙開關設計**　全屋的電源開關依循裝潢的色調，調整成不同的款式及顏色，造型設計成俐落方形。值得一提的是，貼心的設計師將開關降低了位置；她向來認為要舉手開關電源，是一個費力的動作，降低到手可以順手碰觸到的位置才是符合人體工學實用的設計。

❸ **擺設物品時，必須放置襯墊**　外露的飾品或用品，不是擺得協調好看就好了，在古典風追求繁複的前提下，每樣東西底下，一定要有底座或襯布，以慎重的心情去愛護並展示每樣元件。

❹ **燈具掛繩、畫作絨布邊**　絨布獨有的高貴質感，在古典風裝潢中運用範圍廣泛，除了常見的窗簾布外，像是為消除金屬感而再加工的裝飾燈具掛繩，或是畫作的內襯邊布等小地方，也都很適合使用絨布。

❷

❸

❹

大地色系、圓拱窗，小空間混搭出南歐風情畫

義大利中部的托斯卡尼（Toscana），是文藝復興的發源地，亦是旅遊業者心目中的「藝術城市」。從事導遊工作的男主人，在周遊列國之餘還喜愛閱讀，很講究品味。所以郭璇如設計師特意將這間新屋打造成充滿托斯卡尼意象的南歐鄉村風。

撰稿／張華承　圖片提供／郭璇如室內設計

開小窗讓空間連結更流暢，同時加強室內採光及通風

郭設計師考慮到室內只有17坪，在分割成兩房兩廳之後，各區空間一定會變得面積有限，採光、通風也因而較差。為了不要因為機能而降低生活品質，她將這戶新成屋的原有格局整個重新調整。讓客、餐廳與廚房連成一個流暢的公共區，並在客廳與書房之間的隔牆開設一扇窗。

可別小看它！這道圓拱造型的對開式百葉小窗，無論是造型、用色或是仿舊質感，都很有南歐傳統民居的韻味。而且隔牆兩側的視線可透過窗洞延伸，放大空間感；關上此窗，一片片百葉遮掩視線的同時，仍可維持空氣流通。此外，當光線透過百葉落在沙發、書桌上，美麗光影能勾起南歐豔陽天的回憶，讓心情回到托斯卡尼。

以乳酪黃、象牙白、橄欖綠等經典色定調空間風格

南歐鄉村風的經典色也是營造氣氛的大功臣。全室鋪設深色木地板，搭配乳酪黃牆面與象牙白天花板。並用橄欖綠串連空間中不同的元素：客廳主窗簾是橄欖綠緹花布配同色的扶帶與流蘇；沙發背牆的半圓百葉窗、餐廳的中島桌，也都橄欖綠色。廚房牆面的彩繪壁畫也是充滿綠意的田園景致，與空間的橄欖綠、乳酪黃等大地色系彼此呼應；同時，手工壁畫也展現出屋主喜愛藝文的特質。

不過，在道地的南歐鄉村風語彙裡，設計師也加入少量的異質元素：客廳主椅是曲線柔美的法式沙發、餐燈為工業風的圓罩吊燈。纖細柔美中有些許陽剛，讓溫馨又自然的鄉村風顯得更有魅力！

混搭南歐鄉村風格

重·點·筆·記

Point

Point 1

臥室混搭布置

改良式四柱床搭配工業風照明

屋主喜愛在睡前閱讀，因此四柱床的兩側對稱配置的是兩座落地書架。書架側板安裝了閱讀燈；旋轉臂加上可調整角度的燈頭設計，便於照明及收攏。

Point 2

牆色布置

選用南歐鄉村風的亞麻、橄欖綠色系

選用托斯卡尼地區常見的大地色系，質感也是營造氛圍的重點。亞麻色沙發是棉麻裱布搭配原木框架；乳酪黃背牆為仿舊處理的塗刷工法，搭配橄欖綠木質百葉窗，用色和質感都令人自在放鬆！

Point 3

圓拱窗　**隔牆開窗利於空氣流通**

看來輕巧、活潑的圓拱是南歐傳統建築的特色。沙發背牆的另一側為書房兼客房，與客廳的隔間牆開設一扇圓拱造型的百葉窗，可協助小空間的空氣流通並能延伸視線。

Point 4

沙發選擇　**留意沙發和空間的比例**

小坪數的客廳只能擺入一張法式沙發，沙發長度要比底牆面短100公分左右，才不顯擁擠。此外，客廳的半腰窗特別搭配落地窗簾，可讓窗面感覺更大，間接放大空間感。

Point
02

Point
03

Point
04
BEACH,
SAND, SURF &
SUNSHINE

混搭南歐鄉村風格

Point 5

牆面布置

在牆上作畫，直接感受田園風情

壁畫的創作者是郭設計師的畫家母親，屋主很喜歡她的作品，希望自家也能擁有這樣的壁畫。畫成之後，屋主站在水槽前清洗杯盤蔬果時，面對的不再是冰冷牆壁，而是如詩如畫的田園風光。

Point 6

電視櫃

仿做壁爐，美觀兼收納

將電視牆仿做成壁爐的多功能造型櫃，並利用櫃體厚度隱藏影音設備的雜亂管線。電視兩側的圓拱壁龕裡擺放喇叭；播放主機則被藏在櫃子裡，不會外露、破壞整體的視覺。

Point 7

餐桌燈光

工業風吊燈讓鄉村風多點陽剛

主人希望能在中島廚房記帳、閱讀、吃東西。選用較陽剛的工業風吊燈，吻合屋主性別；圓燈罩能讓光束直接打亮桌面，用兩盞則提供桌面充足的亮度。

不一樣的布置點子

❶ **開放式小廚房，利用中島當餐桌，多功能運用** 因為空間小，開放式餐廚以多功能中島當餐桌。量身訂做的中島，底座為收納層板，與這座中島搭配的是白色的雙跨背椅與原木的圓凳。因應業主想在這裡燙衣服的需求，在順手卻不礙眼的底座埋設了電插座。

❷ **利用電視櫃上的小飾物擺出鄉村風** 造型電視櫃牆上方的小平台，也是發揮布置創意的好地方。可以擺上旅遊紀念品、照片、小盆栽、造型燭台、小畫或明信片等擺飾。

❸ **厚重的木門刷上仿舊漆，搭上皇冠，成為空間焦點** 一進此屋就會看到衛浴間的門，觀感不佳。於是，設計師將門板改成仿舊米白色木門；並在房門上方立面拉長為21公分，延伸到天花板，上面以皇冠造型壁飾妝點，讓玄關有了焦點。

❶

❷

❸

+

用工業風餐桌點綴鄉村風 變成迷人的法式殖民家居

屋主全家四口為年輕夫妻與一對稚女。郭璇如設計師為他們重新規劃格局，將客餐廳化為寬敞又明亮的美學舞台，兩間臥房則依使用者的喜好，打造出合宜風格。

撰稿／張華承　圖片提供／郭璇如室內設計

用不同風格的單品家具，混搭出別出心裁的法式鄉村風

整體空間以法式鄉村風為基調，交錯些許工業風元素；家具與家飾也採用混搭手法，在低調的米白、深褐配色中，展現隨性的品味。

從玄關轉入客、餐廳，深色拼花木地板對比白色木百葉，展現了溫潤的安穩氛圍。客廳由美式沙發與法式貴妃椅，構成一個讓家人與親友共享的場域；不同風格的椅具透過麻布材質相互呼應；客廳邊緣斜擺的貴妃椅，打破方正格局的正式與生硬調性，也方便屋主臥遊書鄉。

同一個開放空間，不同的空間照明，玩出家的溫暖

開放式餐廳的桌椅與餐燈則混了三種風格：法式殖民風的優雅餐椅、工業風的原木大桌，以及仿古的大廳燭台大吊燈。這些個性迥異的單品全是以自然樸實的材質，在空間中達到巧妙的和諧。

除了家具、家飾大玩鄉村風的混搭組合，此案的照明規劃也很值得注意。

設計師選用多種形式的燈具來裝點空間，例如：以嵌燈提供整體均質的照明、餐廳懸掛燭台式大吊燈、牆面裝點壁燈、邊桌上是Tiffany彩繪琉璃燈、客廳桌椅旁配了立燈……。不同燈具的靈活運用，將空間照明的多元美感展現得淋漓盡致，也為這個家增添不少生動溫暖的氛圍。

混搭法式鄉村風格

重·點·筆·記

Point

Point 1

茶几&邊桌

**非制式的桌椅組合，
活潑但不影響風格主軸**

客廳分別有法式貴妃椅、美式主沙發與復古風的皮質圓几。圓几是屋主先前就買下的，卻不知如何運用。設計師發現它的花色、線條跟客廳的沙發組有多處共通點。柔和的圓身造型跟紅綠花鳥圖案，用色與線條也很接近法式家具的語彙，因此暫代茶几。

Point 2

開放空間燈光

不同的光源照明，創造空間層次感

利用多元的照明組合，開放式客、餐廳除享有充裕的採光，在人工照明方面還包括：嵌燈、吊燈與壁燈，可視情境來調整燈光。當全家人坐在沙發或餐桌時，若能降低周遭亮度、只打開這區的主燈，更能放鬆身心、拉近彼此的距離。

Point 3

窗型布置

**大片落地窗，
以木百葉創造隱私、美觀雙功能**

客、餐廳是一個寬敞的開放空間，單側採光選用木百葉的折門與折窗，百葉的窗式兼顧了採光、通風、隱私與美觀，將室內戶外做了最佳的遮蔽，也在空間多了鄉村風味。

Point 4

餐廳布置

**不同風格的家具以細節相呼應，
突顯混搭美感**

餐桌椅從細節可品味三種截然不同的風格美感。餐椅是纖巧的法式殖民風，黑色燭台吊燈是仿中世紀的古典風，與工業風餐桌的交叉鐵件桌腳材質相呼應。

Point
02

HOME
Pleasure
Point
03

Point
04

混搭法式鄉村風格

Point 5

沙發

在不同中找相似處，是混搭的重點

沙發排了一列棉麻抱枕。全以亞麻色為主調，從中變化出方格、紅色條紋與英文字樣等花色。「同中求異、異中求同」就是混搭的終極奧義！

Point 6

門窗造型

不同鄉村風的造型門連接不同空間

門窗也可以是居家鄉村風的表現重點。本圖前景的百葉折門、遠端的紅拱門、後方的白色格子門等，不同造型的門連接家中不同的空間，為居家帶來生動的趣味。

Point 7

天花板、壁飾

裝飾橫樑、掛上照片，讓走道變藝廊

上方有根大橫樑。設計師不封住原始天花板，以免降低立面高度，改設裝飾樑，轉移焦點。樑木染成能呼應周遭房門的紅色，連同照片牆、壁燈讓走道成了美麗的展示空間。

不一樣的布置點子

❶ **邊桌上的彩繪枱燈＋小熊擺設物**　邊桌擺了一座Tiffany彩繪玻璃枱燈。燈下兩個縮小版的復古沙發，沙發上各坐著一隻小熊。這組小擺飾，主題貼近客廳的機能，並為空間注入情節與趣味。

❷ **整個公共區的桌椅、燈飾皆採混搭手法**　壁爐旁的磚牆前方擱放大型的古典風木框是很Loft風的做法，但就是因為透過這些異質元素與手法，才讓樸素色調的空間散發穩定卻活潑的調性。

❸ **玄關小細節用木百葉、皮質座椅、圖騰地毯混搭異國風**　玄關處的落地百葉門內為鞋櫃。木百葉的門片有助於通風，也能營造出空間風格，角落擺張皮質單椅可充當穿鞋椅，鋪塊印第安圖騰地毯，簡單就建構出別出心裁的空間。

❹ **開放空間用相同的地板材質連接，再以窗材、地毯區隔空間功能**　屋主想讓餐廳跟客廳略有區隔，因此在通往陽台的落地窗裝設淺色鋁百葉，並讓室內空間直接往陽台延伸，提高餐廳的亮度，無形中拉大了空間感。此外，客廳與餐廳透過相同色系的面材，統整成大片的地坪，再以不同質感來劃分成兩個區域。

❶

❷

❸

❹

鐵道木、布料混搭金屬材質，成為現代輕工業風住家

當男主人偏好冷硬的工業風，遇上女主人嚮往的現代感溫暖居家，該如何從中協調？林志隆設計師在看似衝突的風格和材質中，以工業風濃厚的鋼筋、水泥板、鎢絲燈等元素，搭配木材質、布面，軟化了剛硬，完美詮釋現代輕工業風的混搭效果。

撰稿／溫智儀　圖片提供／懷特室內設計

鋼筋+水泥+汽笛燈，大玩工業經典元素

走進這個家，代表工業時代的鋼筋和水泥材質，以及鎢絲燈和皮革的復古形象，重點式置入每個空間，處處呼應工業感。

首先，一進入玄關，映入眼簾的是一座令人印象深刻的玄關端景，不鏽鋼框出汽車活塞模型，下方是建築用的鋼筋所製成的特殊造型，大膽結合機械零件和裸建材形成裝置藝術。

通往私人空間走道上方的天花板，藏了一道鋼板裝飾，低調修飾走道上方的大樑。餐廳的鎢絲吊燈等於是公共空間的靈魂，仿火車汽笛樣式的造型，呼應工業革命時的蒸汽火車發明，更標誌出工業風重歷史感的復古精神。

布料+金屬+木材質，軟硬兼施調和風格

為了滿足一般家庭既嚮往工業風的個性化、又想保持生活感的需求，設計師使用不同的軟硬材質調和兩種風格。從玄關開始，剛硬的玄關端景旁緊接著是一排包覆溫暖木皮的玄關雙面櫃和電視櫃，客廳以現代風為主，加入少許表現工業味的硬材質。

軟面布料運用在布沙發、牆面裝飾和地毯上，木質枱面的茶几則結合工業鐵件底座，搭配一張鐵網狀單椅和金屬立燈，餐廳工業風濃厚的吊燈底下，則是現代簡約的木餐桌椅，木質和布面便軟化了以金屬串連起的工業風格。

紋路+色彩+鐵道木，細節展現空間個性

個性風格的展現，不只是藉由單品呈現，設計師也在材質表面玩色彩和細節變化。

玄關櫃和電視櫃、電視牆形成一體的延續感，由三種木紋顏色組成，電視牆鋪設木紋水泥板，水泥色彩的凹凸刻紋，將現代輕工業風詮釋得恰到好處。

沙發背牆則漆上灰紫色，調和工業風經典的灰色和空間中使用的藍色。值得注意的是，臥室電視櫃是以鐵道枕木構成，又與餐廳火車汽笛吊燈遙遙呼應。為了中和睡眠空間的色調，床頭背板使用鋸齒白橡，淺色平衡了深色的電視櫃。整個空間既有亮點，又維持著舒適自然的氛圍。

混搭現代工業風格

重·點·筆·記

Point

Point 1

橢圓型茶几

在細節處做變化，空間感就會不一樣

選擇粗獷的木質桌板配深色金屬鐵件，最能呈現工業風。圓型茶几也能很有型，不一定要規矩的圓，可以是不規則橢圓或桌板中間厚、邊緣薄，這些小細節都是工業風個性的展現。

Point 2

備用單椅

用抱枕改變單椅工業個性，多一點不同

工業風的家具搭配很自由，一張簡單的鐵網椅，只要搭配抱枕，單椅的感覺就會不一樣。例如搭配線條抱枕，屬於比較現代簡約感，若搭配狗頭抱枕，又可以呈現詼諧的風格。

Point 3

復古鎢絲燈

工業風經典元素，為空間定調

工業風經典的復古鎢絲大吊燈，不但為餐廳提供照明，也讓整個空間多了更多工業風靈魂，也為家庭風格定調。

Point
01

Point
02
Point
03

混搭現代工業風格

Point 4

工業風材質

不鏽鋼、零件、鋼筋

不鏽鋼面板、金屬零件與鋼筋結構裝飾，構成強烈印象的玄關端景，符合風水老師玄關不要做收納的建議，又直接點出工業風主題。

Point 5

無把手木刻紋櫃體

輔助收納、兼顧風格

電視主牆，與玄關雙面櫃互相呼應。淺色櫃是玄關鞋櫃，黑色是餐櫃，輔助餐廳收納。凹凸木刻紋搭配無把手的門片設計，使櫃體感覺像一道牆面，減低櫃體對工業風格的削弱。

Point 6

餐桌椅

重點運用元素，處處藏有低調細節互相呼應

餐桌後方拉門隔出半開放式廚房，灰玻璃搭配黑色金屬框，造成隱約反射和穿透的視覺。連結客、餐廳的鐵網單椅和金屬立燈，走道上方隱藏了鋼板天花板，每個地方都藏有工業感元素。

不一樣的布置點子

❶ **用鐵道枕木的歷史感，呼應工業風背後的內涵** 電視櫃以鐵道枕木打造，長期使用過的粗糙表面，呈現只有歷史才會有的質感。電視櫃中隔出臥室與更衣室順暢的雙動線，電視櫃後方的開放式吊衣桿搭配衣櫃，方便男女主人收納分配。

❷ **低調灰玻拉門，是隔間也是屏風** 男主人希望有開放式廚房展現空間大器，女主人則擔心油煙問題，想要廚房與公共空間隔絕。設計師以三片灰玻璃拉門界定半開放式廚房，解決雙方堅持，並設置固定的中間門片，即使拉門全開，會轉變成屏風的作用，不會感覺拉門實際的存在。

❸ **低反光和霧面材質的利用** 工業風的金屬特色是低反光和霧面材質，因此沙發旁的柱子包覆灰鏡，以低反光材質取代過於現代感的明鏡，增加輕工業風居家的光影變化，也能夠模糊柱體的龐大存在。

活用特色壁紙、裸露天花板，藝廊概念打造美式Loft前衛居家

時常到國外出差的屋主夫妻喜歡從世界各地蒐集設計家具，因此設計師在思考居家風格時，決定以Loft風為底，並以藝廊概念配置屋主購買的單品家具，展演出輕鬆率性卻又前衛的設計氛圍。

撰稿／溫智儀　圖片提供／懷特室內設計

裸露天花板與軌道燈，再現Loft經典格局

隨性的屋主最在意的要求是動線，因為動線直接關係到人在空間內的自由度。因此設計師在面對改造老屋時，採取開放式格局，並且不封天花板，保留屋高給予最大自由空間。裸露的天花板設置軌道燈，是工業風的經典作法，聚光燈式的照明手法，更顯現設計單品家具猶如裝置藝術的個性。選用燈泡外露燈具詮釋工業風，燈具等於是在開放式空間中，區分出各個場域的功能，餐桌上的吊燈框出餐廳區，膠囊電梯前的透明球狀吊燈，如同客餐廳之間的界線，讓空間顯得井然有序。

活用特殊圖案壁紙，快速混搭空間風格

像是磚牆、開放式書架，是工業風重要的物件，只要善用壁紙壁布，就能在視覺上加強風格。壁紙範圍可大可小，多種擬真圖案可以快速營造特殊風格。設計師運用磚牆壁紙鋪設整面玄關走道牆面，走進大門如同進入時空隧道，立刻抵達紐約藝廊。屋主嚮往擁有國外圖書館的一大面書牆的空間氣質，但藏書量並沒有那麼多，於是在餐廳貼上書牆壁紙，一路延續包覆轉角，製造書櫃的立體感。而到了臥室，看似精緻的美式線板牆，其實是線板花樣的壁布。

造型家具為主角，工業風展現屋主品味

對於喜歡造型家具或有各式收藏嗜好的屋主來說，包容性超強的工業風是最百搭又對味的選擇，因為講求的是自由隨性、創意沒有界線，林志隆設計師就認為工業風並不是一種特定風格，而是一種精神態度。全戶家具幾乎是屋主在國外購買而來，因此在空間底色上，以白色、咖啡色這種中性色彩為主，不做過多裝潢修飾，把重點放在展演單品家具的個性，用最單純、直覺式的方法體現生活風格。玄關的仿片場投射燈、禮貌先生立燈、鋼鐵人等令人印象深刻的單品，看似突兀的物件，卻都在工業風中混搭出獨特品味。

混搭美式Loft風格

重·點·筆·記

Point

Point 1

牆面壁紙　老工廠的磚牆圖案低調表示氛圍

玄關處刻意選用灰色老磚牆的壁紙裝飾牆面，做為背景；再在此處擺上一架仿古電影黃光落地燈，配上白色的門板和牆上的老照片，呈現出二十世紀初期的老電影工廠風情。

Point 2

無背板書架

符合工業風簡單態度，又有生活感

雙層滑軌式訂製書架，不做背板、直接鏤空的設計，增加層次感，也滿足屋主喜歡蒐集展示品的興趣。沙發旁以兩個木箱老件堆疊成邊几，呈現隨性的生活方式。

Point 3

裸露格局

不封天花板的工業原始精神

裸露的天花板和軌道燈，是Loft風經典作法，直接呈現原始樣貌。軌道燈採藝廊展示燈重點照明方式，聚焦出空間獨特前衛藝術氛圍。

Point
02
Point
03

混搭美式Loft風格

Point 4

沙發抱枕

運用抱枕顏色和圖案，混搭程度自己掌控

工業風的沙發樣式，除了復古皮沙發有很強的風格，灰色系布沙發也是很好的選擇，如果想要多點混搭趣味，可以在抱枕上做變化，用不同顏色和圖案增加活潑感，但是盡量以暗色、大地色系為主，除非想要更跳脫工業風，就搭配亮色系。

Point 5

建材大風吹

超耐磨地板變身床頭背板

位於二樓的臥室，以超耐磨地板製作床頭背板，突破素材運用的範圍。粗獷堅固的地板材，反而給人十足的安全感，並且與美式風格互相協調。

不一樣的布置點子

❶ **顏色和燈具形式跳用，混搭出趣味普普風** 一般來說，直接裸露的燈泡燈管類燈具，是最能營造工業風格，但是也能選擇有燈罩式的造型燈具一起混搭，重點是燈具要夠獨特，才有畫龍點睛的效果。雖然工業風不適合鮮豔色彩，但可以小部分用一、兩種亮色做空間跳色，做出與鮮豔普普風的混搭效果。

❷ **壁布配造型門把，混搭一面美式風格門片** 工業風也可以和美式風格混搭，像是門片貼飾古典花邊圖案的壁布，再搭配金屬特殊造型門把，就成為一個頗有美式風味的空間。牆面適合用大小不一的照片採不規則排列裝飾，即成為一面有設計感的端景牆。

❸ **電梯取代樓梯：有如裝置藝術的前衛電梯** 敲掉原本佔空間的ㄇ型樓梯，以先進小巧的氣動式膠囊電梯串連上下樓，天花板白色的管線和金屬材質使電梯融入整體，前方裝設較為現代感的吊掛燈泡，襯托前衛風格。

❶

❷

❸

暖色調中和冷冽的現代線條，帶入「家」的輕鬆溫馨感

大器、豪華，這樣的字眼套用在室內設計的範疇時，多數人想到的都是「極盡奢華」，例如：大量運用大理石、超大坪數的空間。不過，朱英凱設計師僅憑俐落的線條與簡單的用色，劃出另一種低調的奢華典範。

撰稿／徐旻蔚　圖片提供／朱英凱室內設計

利用布置讓空間沒有令人壓抑焦點

這個房子第一眼很容易讓人誤以為是飯店或度假中心的商業空間；其實不是。屋主夫妻原本就預定將此屋規劃為日後的退休居所，因此朱設計師就依著居家布置的首要原則「舒適」自由規劃：當人們回「家」時，身、心、靈都必須能夠徹底放鬆，才是最成功的設計。

想「仿製」這間房子的布置設計，會發現根本不知道該從哪裡著手，因為無論從色彩、燈具、裝飾、家具等任何面向看來，完全找不到特殊的焦點元素，這就是設計師在布置上的高明所在—線條、比例、巧妙的軟件安排、細心規劃的燈光……等，都完美融合的結果，藉此開啟「讓空間來說話」的現代風休閒居家布置。

改用暖色木地板、牆飾，為冷冽的現代風創造溫馨感

雖是新屋，但屋主請設計師做空間設計時，建商的各式家具都已進駐。為了節省預算，設計師只針對必要的重點施工；例如：原本室內鋪設的是深色木地板，裝潢的烤漆玻璃也是以深色為主。如果加上鐵件、石材，空間會變得相當冰冷，讓人感受不到「家」的溫馨。因此，設計師將木地板全數更換為淺色，烤漆玻璃也採用較有層次的製作方式，輔以現代風格中最經典的白色、駝色、米色等比較明亮的顏色，不但一改呆板、沉暗的配色，還成功地讓空間呈現豐富的溫馨語彙。

低調洗鍊現代風格

重·點·筆·記

Point

Point 1

經典用色

現代風首選五色「黑、白、駝、灰、咖啡」

本案的配色乍看之下似乎有些「複雜」，其實都不脫現代風的經典範疇：黑、白、灰、咖啡、駝、米白。五個相近的色系運用，支撐起整個空間，提升空間的層次感，更有一種精緻的美感。

Point 2

留白的必要性

層架書櫃的留白，為客廳加入自由靈魂

深色的電視主牆搭配淺色的層板書櫃，形成一種強烈的對比、卻達成巧妙的視覺平衡。關鍵在於書架後方條狀的間接照明，還有刻意不擺滿裝飾品，讓空間有一種向上延伸、向外擴展的趨勢。

Point 3

色彩的破格布置

主臥刻意使用接近冷色調，但帶著優雅感的紫色

除了黑、白、灰、咖啡、駝、米白等用色不可少。主臥故意添加了「紫色」的元素，並在用於床頭牆及滑動拉門的紫色，加入繃布的設計，提升臥室空間的整體優雅質感。

Point
02
Point
03

低調洗鍊現代風格

Point 4

窗戶與燈光的布置

善用自然光源，改善狹長走廊的陰暗視覺感

受限於格局的關係，想要進入主臥，必須先通過狹長廊道。「長形走廊」最容易讓人感覺狹隘，因此天花板中隱藏的間接照明、走廊底部的大窗引入自然光源，以及「沒有做滿」的櫥櫃，都是改善狹窄視覺感的方法。

Point 5

門窗細節、收納布置

改造廊道，用格狀玻璃門提升空間品質

通往主臥的廊道兩面牆都做成收納櫥櫃，變成獨立的更衣室，但入口剛好就位於餐廳旁，考量到長形廊道不宜採用不透光材質的門板，便以不同顏色的切割玻璃，製成格狀門片，除了兼具透光效果，還與玄關屏風相呼應。

Point 6

燈光布置

圓形的現代風餐廳，以璀璨水晶燈點出氣派

由於，屋主有三代同堂用餐的需求，因此餐廳的空間必須寬敞舒服，設計師以圓形的天花板造型搭配圓形的餐桌，輔以垂吊的水晶燈，用最簡單的元素，打造出豪華氣派的現代風餐廳。

不一樣的布置點子

❶ **端景是裝飾品的最佳展示所** 擺飾是讓家「活起來」的重點，但是一昧用擺飾妝點居家，則為本末倒置。「擺得多，不如擺得巧」，因此大門入口處或走廊端景處，都是相當適合擺放裝飾品的地方。

❷ **繃布拉門兼具功能及美觀之效** 主臥是家裡自然採光最好的區域。但是考量到本案位於20樓，衛浴又採用透明玻璃，窗外的光害很容易映照室內，影響屋主睡眠品質，因此在衛浴前方規畫了一片落地的紫色繃布拉門，必要時可以拉至另一邊，隔絕室外的干擾。

❸ **用調性鮮明的素材，布置與主臥氣質迥異的次臥** 同為現代風空間，第二臥室就帶著活潑優雅感，關鍵在於床頭牆選用有花樣的壁紙，床包也選擇帶有些許條紋的款式，並與一旁的窗簾呼應，馬上呈現出不一樣的居家氛圍。

大坪數依然用開放式空間，讓簡約風流露更大氣的格局

客廳、餐廳、廚房……，我們習慣幫居家的每個空間劃定既有界線，這些區域變成「必須具有某種樣子」，才能符合大眾對「家」的定義。但在這個家，打破了「空間隔離」的既有規則，以大而化之的開放性手法，重新為現代風的「家」下定義。

撰稿／徐旻蔚　圖片提供／朱英凱室內設計

用整面木質層架牆，重新定調現代餐廳形式

許多人看到這個房子的餐廳時，都會驚呼：「哇！這是餐廳嗎？」一般人對餐廳的想法，就是全家人可以團聚用餐的空間，但是面對現代人生活忙碌，還有3C產品的盛行，餐廳的定義已經和傳統的印象大大不同了。設計師將餐廳與「多功能區」的概念融合，以木質調的餐桌椅為基調，左邊一大片落地的開放層架，層架上的物品不僅限於餐廳用具，更多的是書本、藝術品，除了可以在這裡閱讀、工作，還能與朋友在此聚會高談闊論。

利用與牆面布置相同的拉門，掩飾不連貫的小窗面缺點

「想要空間看起來寬敞，當然是盡可能讓大家看到更多的空間」，如果你還在這麼想，就大錯特錯了；更高明的是，適時地將破碎、干擾視覺的空間隱藏起來，反而有助於讓家變得更清爽寬敞。

雖然這戶空間坪數寬闊，但是礙於建築外觀，主臥的對外窗無法連貫，就算更動格局也效果不大。主臥的床頭兩側，分別是兩扇長型窗，壓縮了床頭牆的空間，讓整個臥室空間視覺變得小了，更有打擾屋主睡眠的困擾。因此，朱設計師將床頭牆重新布置，在其內設置了兩扇同樣造型的左右拉門，只要將窗戶關上，拉門往左右拉上，就會形成一整面完整的牆。如此輕鬆解決所有問題，並成功地創造完整一致的空間語彙。

簡約大氣現代風格

重·點·筆·記

Point

Point 1

地面擺設布置：

運用短毛地毯為方正的客廳格局定調

談及客廳裝飾，設計師也強調「地毯不可少」。除了可以有效烘托沙發組的質感，還能讓空間變得更穩重。考量到台灣氣候潮濕炎熱，以及地毯需常清潔的特性，可以選擇短毛地毯巧妙解決這些困擾。

Point 3

開放式布置

開放空間用中低高度的家具做區分

「開放式手法」在現代室內設計應用廣泛，去除空間中不必要的隔間，讓居家看起來更寬敞。想讓兩個沒有隔間的區域達到開放的平衡，可以透過中低高度的家具，例如不過腰的桌體，輔以桌燈為亮點，輕鬆打造「隱於無形」的界線。

Point 4

色彩布置

相同色系的交錯運用，製造視覺的錯落美感

本身就是咖啡色的木質家具、咖啡色的主色調，在設計師的布置巧思下，以白色基底的床組淡化了深邃的用色，提升空間的色彩層次，讓本案次臥呈現出沉穩、安寧之感。

Point
02
Point
03

簡約大氣現代風格

Point 4

窗簾布置

以風琴簾調出明亮衛浴空間

想要隱密性足夠的衛浴，又怕拉上窗簾影響通風和採光，可以嘗試風琴簾。除了具有顏色豐富的選購優點，還可以用拉繩控制窗簾色彩，讓入室陽光投射不一樣的光影，幫單調的衛浴增添浪漫情懷。

Point 5

窗簾布置

光與影，交織居家最無價的風景

此宅的四個房間多集中在右半部，因此狹長廊道勢不可免。為了避免走廊陰暗，設計師特地用兩種不同顏色的玻璃打造多功能室的隱藏式拉門，讓房內的採光穿透玻璃，讓投射在走廊地板的雙色光影提升亮度、創造浪漫。

Point 6

窗簾布置

超美觀的S型（蛇型）滑軌窗簾

最適合落地窗的窗簾形式，絕對非S型滑軌莫屬。簡約的波浪形狀，就是現代風臥房最好的裝飾品。而且考慮到屋外陽光可能會影響睡眠品質，要選用遮光率較高的布料。

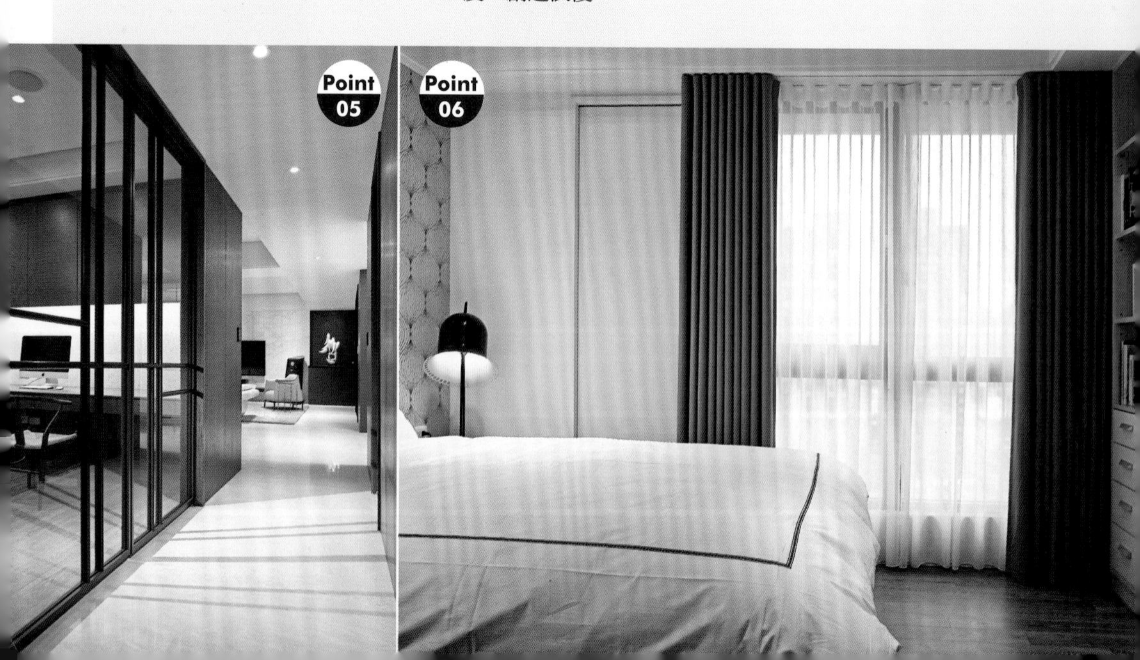

不一樣的布置點子

❶ **大膽揮灑，玄關是藝品的最佳陳列區**　玄關室外與屋內的過渡區，作為人們回家放鬆的緩衝帶，更是彰顯室內設計基本調性的序曲，因此如果坪數允許的話，別再計較應該如何規劃才能有更多鞋櫃的空間，不如用留白的空間與藝術作品，呈現最完美的居家氣氛。

❷ **為空間保留最美麗的角落**　雖然主臥空間並不寬敞，設計師卻堅持在角落處擺放一組皮椅與茶几，輔以細腳鐵件的照明，並在後方的牆面鑲嵌騰空的書架，他認為美麗的角落，才會吸引人們在這裡進行活動，發揮100%的坪效使用。

❸ **石英磚一樣能打造大理石的豪華風範**　不知道從什麼時候開始，大理石變成「奢華」的代名詞。不過此案看似豪華的主臥衛浴，卻是以仿石紋的石英磚鋪設而陳。地板則出於安全考量，以木紋磚為主。一黑一白的深淺對比，盡顯大器，亦不失簡約風格的主軸。

❹ **黑與白構築明亮的廚房空間**　廚房是家裡最常接觸油煙的地方，潮濕、髒汙是無法避免的，但還是可以用現代風的黑白元素打造，清爽大方的廚房。這間廚房以白色為底，輔以黑色中島，加上全套鋼琴烤漆的廚具，亮面的流理台不容易沾染油汙，且方便清理。

❶

❷

❸

❹

善用色彩與圖騰元素～秀出豐富層次的折衷之美

許多屋主在翻閱國外雜誌時，對於充滿色彩與居家美學的擺設總會心生羨慕，但是回歸現實生活時，卻多因為對自己的配色能力或品味不夠自信，因而在布置居家時常又退縮回基本安全色調，其實只要掌握關鍵的比例原則，也能讓自己的家像雜誌照片一樣精采美麗。

設計／伏見設計　撰稿／鄭雅分　圖片提供／伏見設計

打開書房隔間牆，引進連貫窗景與充足採光

一直以來，伏見設計的作品總有一種女性纖美而優雅的獨有氣質，尤其對於色彩與布品藝術的運用更是擅長，恰巧這次屋主本身因從事平面廣告工作，對於伏見的空間布置與色彩搭配有高度認同感，因而讓整個空間設計得以跳脫傳統思維，無論是格局及布置上都展現出讓人喜出望外的超脫感。

對於夫妻與育有一小孩的小家庭而言，55坪的空間算是寬敞了，但是礙於建商已規畫了四房格局，導致客廳與餐廳形成狹長狀，加上客廳景深不足的缺點，讓公共空間無法展現出寬敞開闊的架構。為此，設計師先將客廳後方的書房牆面打開，除了解決景深問題，同時也讓書房區外的公園窗景與採光得以順勢納入，呈現出開闊的入門印象。

藍白配色強化對比感，
為室內注入能量與生命力

客廳的規劃也有別於一般傳統印象。設計師說明，這個空間原就設定以東西風格折衷混搭的設計主題，並且決定在公共區內以壁爐作為風格聚焦點，但為了不流於制式的設計，刻意將傳統與電視牆合併設計的壁爐轉個座向，定位於沙發後端。如此一來，客、餐廳及書房都圍繞於壁爐旁，成為入門第一目光焦點的溫馨專區，也更像國外的壁爐場景。此外，畫面中白色壁爐與藍色沙發搭配藍色掛畫及金色壁燈的設計，不僅相當吸睛，也為客廳做出色彩定調。

轉個面，在客廳配置有舒適米白沙發與活動小几、長條几等，可隨意放置小物、書籍與植栽，非制式的擺設營造出輕盈、自在的生活美感。其中，布藝設計成為重點，在白色空間中藍色抱枕躍升主題色，不僅與壁爐區呼應，對比感的配色也為室內注入更多能量與生命力。

yokawa

1.物件保留色彩飽和感卻不過度張揚，而掛畫、銅製燈飾與淺栗色牆面也維持以暖色調，讓畫面更和諧。

2.咖啡、灰階與白的布飾配色，營造沉澱的視覺。仔細觀察書房窗邊座榻可以發現在硬體上仍以美式的設計為主，但在鉚釘櫃、格子牆、大開窗的架構中，放入東方色調與圖騰的抱枕、燈飾等，意外地散發出寧靜感。

漸層的低調牆色鋪陳寧靜氛圍，讓空間和諧如畫

前面提到書房的開放設計是成就客廳採光與景深的關鍵，但是在畫面上也可能因為開放規劃而顯得凌亂，如何改善此狀況呢？設計師說明：主要在於色彩的比重拿捏，在大面積的牆面上先選擇以白、灰階與咖啡等漸層色作鋪陳，營造出舒緩而寧靜的氛圍，而書牆內的擺飾則有如掛畫般地整合入客廳的背景畫面中。

事實上，除了書房的格局變更，為增進家人互動性與放大空間感，餐廳與廚房也從原本封閉式改為吧檯與餐桌的T字串聯，而餐桌上的主燈與餐桌椅等家具的設計則像是中西風格對話般，呈現出理性、和諧的折衷美感。

善用生活陳設品，營造有文化與富涵意境的場域

進入主臥室內，愛馬仕橘的櫃體與蒂芬妮藍的單椅呈現出精品感的畫面，對比鮮明的色調透過霧面的皮革質感與麻布面感顯現出來，格外感覺溫暖而有品味。而為了凸顯與平衡房間內的色調，在床背牆面與其他床飾、織品上則選用了低彩度的柔和色調，並將設計的細節放在東方圖騰的整合上，讓畫面更顯豐富與多元。

與一般為了裝飾而添購藝術品的觀念不同，從這個個案中見到伏見設計所強調的：「用最貼近生活的陳設品，將不同的色彩與材質元素分類整合，並加入藝術的創作， 空間營造出有文化、舒適 意、富含意境的理想室內景象。」也真切地落實生活即藝術的美學意境。

伏見室內設計
地址：桃園市大興西路二段275號1樓
電話：03-3413100

折衷東西美學風

重·點·筆·記

Point

Point 1

沙發配置

不同文化的圖騰，透過色彩整合出協調美

折衷之美是利用不同調性的元素、圖案來做搭配，例如極具美式風格圖騰的抱枕遇上東方色調與形式的檯燈，以充滿詩意的角度，賦予一種融合文化卻又不失自我風格的居家風格。

Point 2

餐廳燈飾

以美式壁板線條提供優雅感受的生活品味

捨棄繁複的硬體裝飾線條，改以細膩而柔美的線板來提示歐式風格基調，除可讓餐桌上的金質吊燈擁有更適切完美的背景外，也適度反映出現代都會生活重視簡約設計，卻不忽略細節、美感的品味態度。

Point 3

展示書櫃

茶鏡底牆給予視覺延伸感，造型桌面增加設計感

空間不大的書房區除了利用展示書櫃來做為客廳的背景裝飾牆外，展示櫃的底牆更以茶鏡鋪底創造視覺的延伸感，搭配唯美的裝飾收藏與造型家具布置則讓畫面更加分。

Point
01
Point
02
Point
03

折衷東西美學風

Point 4

電視牆

薄岩感牆面搭配簡約家具，醞釀出輕快人文生活感

不似傳統電視牆的厚實或華麗感，而改以薄岩感的牆面搭配可移動式的輕盈條几，上面可隨意擺放書籍與植栽，擺脫以往為裝飾而裝修的設計，讓生活成為真實的品味。

Point 5

臥室主牆

雙色對比映襯，創造鮮明、活力的畫面感

在臥室內想要運用更多色彩元素的人，可將鮮明的橘、藍對比色盡量歸納在同一面牆，並且以橘色櫃為主、藍色單椅為輔的比例原則，讓色彩主題明確、協調，另外材質不宜過亮、以免刺眼。

Point 6

餐桌雙主燈

結合吧檯與餐桌，延展雙主燈的華美比例

由於屋主飲食習慣偏好輕食風，加上原本封閉式廚房讓餐廳格局無法拓展，因此將廚房改為開放式吧檯與餐桌的結合，可增進家人互動感，同時在餐廳配掛上雙主燈設計，更能彰顯空間質感。

Point 7

藍色單椅

透過家具的材質、色彩，輕鬆裝飾自己的家

布置不見得需要透過裝飾品，也可以利用家具的色彩與材質做彈性搭配，例如家具、燈飾及床單、窗簾等都可運用，打造屬於自己的居家空間。

Point
05
Point
06
Point
07

百變美魔鏡～
反射低調奢華的現代摩登魅力

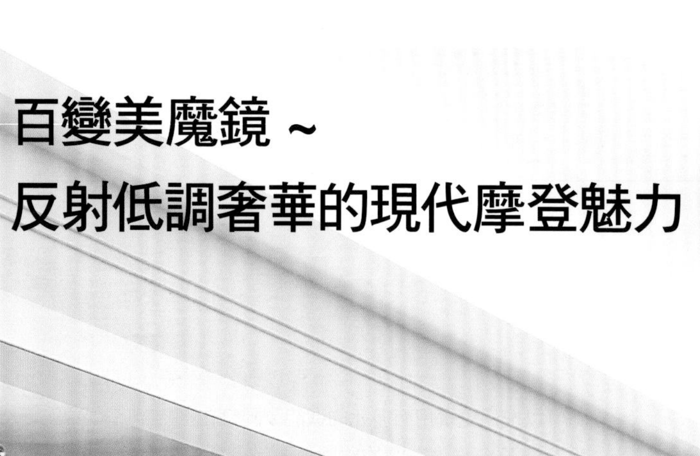

中小坪數住宅的規劃原則向來以實用至上，對許多人而言，減少拐彎抹角的現代簡約線條正是最佳選擇，但若能再搭配點低調奢華的品味裝飾，則可以讓生活增添些豐富性與舒適感。除此之外，澤樣設計還巧妙運用了輕亮的鏡面元素施展美魔法，讓有限的空間呈現出更寬心的環境與輕奢華的質感。

設計／澤樣室內設計　採訪／鄭雅分　圖片提供／澤樣室內設計

少更動格局，
讓更多預算與設計重點放在裝飾上

這是棟屋齡約十年的中古成屋，原本的三房二廳格局，對於屋主一家三口的成員來說，現有隔間數已經足夠，因此，設計師與屋主經討論後決定保留大部分隔間不做變動，僅在主臥室內將原來的化妝區改為書房區，使私密空間可以提供更實用而多元的機能，同時在室內多處畸零區設計櫃子，強化空間的收納力，也有助於居住品質的提升；另一方面，格局不變動也可將預算省下來做更多裝飾美化的工程。

各式鏡面造型、大小與材質，
創造多元裝飾趣味

設計師顧澤成說：「從溝通中了解到屋主喜歡現代簡約中帶點時尚質感的低調奢華風格，因此，在裝飾設計上我們大量運用了鏡面元素與光澤材質，除了藉由反光的質感來實現輕奢華風，另一方面，也是考量到室內空間並不大，希望藉由鏡面反射的特質來延伸視覺感，讓空間有放大的效果。」不過，設計師並非單純地加入鏡面元素，而是巧妙地在不同的地方，選擇各種造型、材質以及大小的鏡面，讓各處的鏡子都能有最佳的裝飾效果，同時也要注意避免放錯高度或位置，容易造成風水或視覺上的不舒適感。

沙發背牆、多元鏡面元素，
反映出雙倍的晶瑩美感

由於室內空間有採光不足的問題，因此在玄關便先以流明天花板設計，搭配造型燈罩來提高出入區的明亮度。另外，玄關櫃也特別以分段式與懸空設計，如此既可讓櫃體顯得更輕盈、空間也更具開放感，而櫃體上的平台也可作為置物展示區。

在公共空間主要以新古典的家具、裝飾風格來增加舒適性，白色大沙發搭配紫藕色壁紙沙發牆顯得優雅，至於沙發牆雙邊茶鏡與中間裝飾鏡則可反映出客廳主燈的雙倍晶瑩感；另一方面，鏡面也與電視牆內的條狀鏡面交相呼應，讓原本軸距較短的客廳顯得更寬敞些，讓主牆更亮眼且有延伸感。

1.在沙發背牆上除了以紫藕色壁紙與對稱的茶鏡來提供優雅背景外，同時在牆面焦點處還設計矩形鏡框來反射吊燈的晶亮感，同時可讓畫面延伸，以放大客廳空間感／**2.**為了屋主希望能有書房，加上臥室內也需要更多收納空間，主臥書房移開小化妝區，改裝書房更實用；並加長右牆來設計櫥櫃，而床頭也利用空間作化妝桌，更有效地運用有限空間／**3.**小孩房的所有收納都是利用動線不會經過的地方，例如樑下與床頭／**4.**為增加低調奢華質感，在牆面除以銀色吊燈與矩形鏡等畫面變化外，特別以雕花板內鋪鏡面底來增加設計感，不過雕花鏡牆後另有玄機，除右側做櫃子增加收納力，左側則將結構柱體包覆，避免畸零空間感

餐廳雕花鏡牆兼具美化、收納與化解畸零的多重機能

進入餐廳，黑白輕巧的家具配置賦予空間現代明快感，而壁面上白色雕刻板的對稱設計與中間的鏡框擺設則提供自然亮麗的聚焦畫面。事實上，這看似純裝飾性的牆面背後是有玄機的。設計師說，原本餐桌左側因遇有結構柱而導致空間的畸零感，加上屋主需要更多收納空間，所以將二個問題整合規畫出左側包覆柱體，而右側則是大收納櫃的餐廳主牆，完美設計、遮掩柱體確實達到一舉二得的效果。

坪效高手利用畸零區做成收納

在私密空間的規畫上以實用機能為主，除將化妝區改為書房外，並沿著牆線延伸出櫥櫃，解決了沒有更衣間的問題；至於床頭位置也因壓樑而將床外移，同時在大樑處以繃布手法設計雙層櫃，搭配上掀的下櫃形成床頭裝飾主牆，並弱化大樑的不舒適感。床頭左側利用空間設置化妝桌，而右側條鏡裝飾的牆面內則隱藏有浴室門片，全面性的整合規畫也讓空間少些機能性的壓迫感，保有更多放鬆舒適的裝飾美感。

澤樣室內設計
地址：桃園市陽明八街19號
電話：03-3660936
網址：www.cheeway.com.tw

混搭低調奢華風

重·點·筆·記

Point

Point 1

客廳家具

新古典白沙發賦予空間舒適奢華語彙

屋主希望在現代簡約的環境中創造點小奢華的質感，因此在客廳家具、窗簾與燈飾等軟件裝飾上選用了浪漫的白色與具光澤的材質適度地秀出華麗感，讓生活也感受到被寵愛的小確幸。

Point 2

玄關複合櫃

兼具展示、收納與風格裝飾的多元複合櫃

進出家門處除了提供實用的鞋櫃外，上櫃則設計為鑰匙小物的收納處，另外，櫃體採懸空、中空的設計可避免櫥櫃量體過重的壓迫感，同時在視覺焦點處也可放置相片或裝飾品。

Point 3

窗簾

華麗紗簾搭配素雅窗簾，秀出別緻窗景

為了打造與眾不同的空間美感，設計師選擇有別傳統的白紗搭配花窗簾組合，反之以大馬士革圖騰的華麗紗簾為主，素色窗簾為輔，讓喜歡開窗的屋主可以藉透光紗簾來增加窗景豐富度。

Point 4

電視主牆

由外而內整合多元櫃體機能與美感

透過現代風格的線條，由外而內以對稱性設計，分別規劃出收納門櫃、玻璃展示櫃及鏡面裝飾的層板電視櫃，豐富多元的造型搭配間接光源與鏡面的暈染更為搶眼，同時也滿足機能需求。

Point
01
Point
02
Point
03
Point
04

混搭低調奢華風

Point 5

天花板採光

雷射雕刻圈圈板美化了燈光，增加設計趣味性

雖然選擇簡約現代的設計手法，但設計師仍在許多細節上做出細膩表現，如為玄關天花板補足採光的流明燈照，就因圈圈造型罩板而有了更多變化與趣味。

Point 6

次臥室

窗邊畸零縫隙增設平台，可擺放飾品與收納

在客房的窗邊因上有小樑，加上空間狹長不好出入，因此，將之設計做為上掀門板的收納櫃，不只可置物，同時多出平台也可擺設照片、飾品。

Point 7

轉角梳妝桌

高度與角落利用

另一間臥室因為兩側牆都有大窗，不容易安排梳妝台，因此利用兩牆轉角之間的面積，做了尺寸比較小的上掀式梳妝台，兼具寫字桌功能。

Point 8

主臥室牆

條鏡飾牆內藏玄機，讓機能與美麗再升級

主臥室設計雖以實用為主，但在風格設計上仍相當講究，在床邊特別以直條狀茶鏡來裝飾牆面，不僅增加奢美感，也將浴室的門片順利整合並隱藏在牆面中。

Point
05
Point
06
Point
07
Point
08

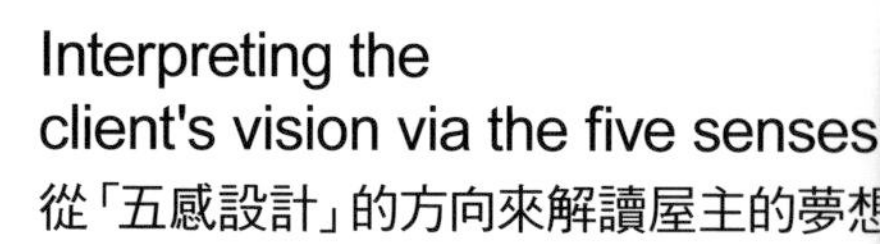
Interpreting the
client's vision via the five senses
從「五感設計」的方向來解讀屋主的夢想

采金房室內裝修設計
台北市民生東路二段26號
02-2536-2256
www.maraliving.com

良穗 Luis Lin

空間不是設計師的作品 是屋主的生活表現

Lifestyle inspires the elements of desig
從生活態度延伸成為設計的元素。

特別感謝

圖片提供／布置設計顧問

王俊宏／森境設計
Tel：02-23910908、02-23916888#201
地址：台北市中正區信義路2段247號9樓
網址：http://www.wch-interior.com/newwch.html

林志隆／懷特室內設計
Tel：02-27491755
地址：台北市信義區虎林街120巷167弄3號
網址：https://www.white-interior.com

朱英凱／朱英凱室內設計
Tel：04-2475-3398
地址：台中市南屯區南屯路2段420-2號
網址：http://www.keidesign.com.tw/tw/

郭璇如／郭璇如室內設計
Tel：02-28311322
地址：台北市士林區雨聲街201號
網址：https://www.facebook.com/pages/郭璇如室內設計工作室/1519729841620440

橙橙設計工程有限公司
電話：02-25176405
地址：台北市長安東路二段67號9樓之1
網址：https://www.celia.com.tw

圖片提供

台灣：
A Space Design
Tel：02-27977597
地址：台北市內湖區內湖路一段659號18樓之3
網址：http://www.aspace.com.tw/

以下圖片由香港摩登家庭雜誌提供：
Andrew Bell / A Square Ltd. / Artwill Interior Design House / Boris Design Studio / Chateau Interior Design Ltd. / Comodo Interior Design / Comodo Interior & Furniture Design Co Ltd. / Danny Chiu Interior Designs Ltd. / Danny Cheng Interiors Ltd. / Dariel Studio / Décor House / Debbie Deco Ltd. / FAK3 / Fancy Design / Grande Development Limited / hoo / In Him's interior design / Joyinteriors / Match Design Limited / Matteo Nunziati / Moderne Design House Ltd. / Mon Deco / Noon Interior Design Ltd. / PplusP Designers Ltd. / Recin Interiors Limited / Roomservice Limited / Ross Urwin / SamsonWong Design Group Ltd. / Simon Chong Design Consultants Limited / S & J Interior Design / Studio Viscido Con Giannattasio / Tade Design Group Ltd. / Tak Ho Interior Design Ltd. / Tint International Limited / UdA Architects / Vivid Design Ltd. / Viz Interior Design Ltd. / 靚靚星室內設計 /城市設計

國家圖書館出版品預行編目資料

不動工布置全書 / SH美化家庭編輯部編著. --
初版. -- 臺北市 : 風和文創, 2015.04
面 ;　公分
ISBN 978-986-90734-8-6(平裝)

1.家庭佈置 2.室內設計 3.空間設計
422.5　　104002636

不動工布置全書

作　者　SH 美化家庭編輯部
授權出版　凌速姊妹（集團）有限公司
封面設計　比比司工作室
內文設計　何仙玲 / 林佩樺
內文插畫　詹詠溱
總 經 理　李亦榛
主　編　張愛玲/ 謝昭儀
編輯協力　林雅玲 / 徐旻蔚 / 張華承
張愛玲 / 溫智儀

業務協理　陳月如
行銷主任　鄭澤琪
出版公司　風和文創事業有限公司
網　址　www.sweethometw.com
公司地址　台北市中山區松江路2 號13F-8
電　話　02-25361118
傳　真　02-25361115
EMAIL　sh240@sweethometw.com

台灣版SH美化家庭出版授權方

IESG

凌速姊妹 (集團) 有限公司
In Express-Sisters Group Limited

公司地址　香港九龍荔枝角長沙灣道883號
億利工業中心3樓12-15室
董事總經理　梁中本
EMAIL　cp.leung@iesg.com.hk
網　址　www.iesg.com.hk

總經銷　知遠文化事業有限公司
地　址　新北市深坑鄉北深路三段155巷25號5樓
電　話　02-26648800
傳　真　02-26648801

製版印刷　彩峰造藝印像股份有限公司
電　話　02-82275017
印　刷　勁詠印刷股份有限公司
電　話　02-22442255

定價 新台幣380 元
出版日期2015 年4月初版